好吃的历史

Hao Chi
de
Lishi

孔融除了让梨，
还能让什么水果？

吴昌宇 —— 著

明天出版社·济南

图书在版编目（CIP）数据

孔融除了让梨，还能让什么水果？/ 吴昌宇著. --济南： 明天出
版社， 2024.2
（好吃的历史）
ISBN 978-7-5708-1941-6

Ⅰ.①孔… Ⅱ.①吴… Ⅲ.①饮食－文化－中国－古代－少儿读物
Ⅳ.①TS971.2-49

中国国家版本馆CIP数据核字（2023）第134411号

策划组稿：肖晶　责任编辑：肖晶　李扬　美术编辑：朱娅琳
插图作者：子木绘　装帧设计：山·书装

Kongrong Chule Rang Li　Hai Neng Rang Shenme Shuiguo

孔融除了让梨，还能让什么水果

吴昌宇 著

出 版 人：李文波
出版发行：山东出版传媒股份有限公司 明天出版社
社址：山东省济南市市中区万寿路 19 号
网址：http://www.tomorrowpub.com
经销：新华书店
印刷：济南鲁艺彩印有限公司

版次：2024 年 2 月第 1 版
印次：2024 年 2 月第 1 次印刷
规格：170 毫米 ×240 毫米 16 开
印数：1—10000
印张：9.5　字数：80 千
ISBN 978-7-5708-1941-6
定价：40.00 元

如有印装质量问题 请与出版社联系调换电话：0531-82098710

目录

好吃的历史

Hao Chi
de
Lishi

1

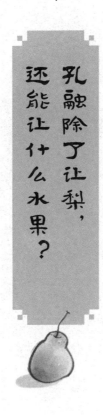

孔融除了让梨，还能让什么水果？

　　"孔融让梨"这个故事，你肯定听过吧？东汉末年有个人叫孔融，他四岁的时候和几个哥哥一起吃梨。出于礼貌和谦让，孔融主动挑了一个最小的梨，还说："我岁数小，就应该吃小的。"

　　这个故事的教育意义，你在很小的时候可能就已经学过。咱们今天来探讨一些你可能没想过的问题：为什么孔融让的偏偏是梨呢？如果不让梨，他还能让什么水果呢？

　　你可能觉得：哎，这些问题好奇怪。世界上有那么多种水果，孔融让梨，不就是因为他们家那天正好吃了梨嘛！如果他们家那天吃的是苹果，那他就让苹果；如果他们家那天吃的是橘子，那他就让橘子；如果他们家那天吃的是葡萄，那他就让葡萄……有什么好讨论的呢？

其实，这个问题还真没有看起来这么简单。今天我们有很多水果可以选择，但是你别忘了，孔融是将近两千年前的古人，他能见到的水果种类可不多。如果不算梨，他能让的水果，总共也就六种！

　　是哪六种呢？

　　别急，咱们先说说，孔融能吃到的水果有哪些。

　　孔融生活在东汉末年，那时候，梨树已经是中国很常见的栽培果树了。大约在公元196年，汉献帝封曹操做兖州牧。曹操为表示感谢，就给汉献帝写信，说在他的地盘里，山阳这个地方的梨特别好吃，还随着信送过去两箱，也不知道汉献帝吃没吃。

　　我估计是吃了，因为根据《三国志》等史书记载，那几年中原大地接连出现旱灾、蝗灾，再加上战乱，所有的人都在挨饿，有梨吃就不错了。那么，这个产梨的山阳在哪儿呢？根据《汉书·地理志》的描述，它的位置在现在的山东省菏泽市，而孔融是孔子的后代，老家在现在的山东曲阜，距离菏泽才一百多公里。所以，估计孔融吃的就是山东产的大梨。注意啊，孔融能吃到梨，并不意味着他就能让给哥哥们，原因咱们后面再说。

　　除了梨，孔融还能吃到什么水果呢？

　　比孔融生活的年代稍早一点，春秋战国时期，人们评出了当时最主要的五种果子，叫作"五果"，具体是：枣、杏、桃、李子和栗子。栗子，干了吧唧的，不能算水果。不过古人也没说它是水果，只说它是"果"嘛，没毛病。

　　栗子的确不太搭，古时候也有人这么觉得，所以当时也有人说，五果是枣、杏、桃、李子这四种水果加上梅子。梅子这个东西，现在一般都用来做话梅，味道特别酸，说是水果，其实作为调料的时候更多。曹操就有"望梅止渴"的故事。士兵行军赶路口渴了，曹操骗他们说前方有梅林，士兵一想到梅子的酸味，就开始流口水，缓解了渴意。总之，枣、杏、桃、李子、梅子，在春秋战国的时候，就已经上了咱们老祖宗的餐桌。所以，东汉末年的孔融，大概

也能吃到它们。

　　除了五果以外，汉代其实也有人能吃到枇杷、荔枝、龙眼、柑橘、杨梅这些水果，只不过，当时只有南方人才能吃到。孔融是山东人，住在北方，大概率是吃不到这些水果的。因为古时候交通运输不发达，这些水果要想从南方送过来，起码得好几个月，早坏了，还怎么吃呀？

不过，那个时候北方也不是只有那几种水果的。本地原产的水果还有樱桃、沙果、柿子和桑葚。这个樱桃不是现在咱们吃的车厘子，车厘子的正式名字叫"欧洲甜樱桃"，汉代人吃的樱桃是咱们中国原产的，果实个头小，不耐储存。东晋时期的《拾遗录》有记载，汉明帝刘庄曾经赐给大臣樱桃，这说明当时人们就开始吃樱桃了。沙果你可能不太熟悉，它很像苹果，但是个头特别小，味道和苹果差不多。

至于柿子和桑葚，就又和曹操有关了。曹操当时给汉献帝送的水果除了梨，还有两箱柿子、两箱枣，一共六箱水果。桑葚的出场时间比梨要早几天。还是在 196 年，曹操迎接汉献帝到了他的地盘，也就是史书中说的"奉天子以令不臣"和《三国演义》中说的"挟天子以令诸侯"。说是迎接，其实相当于抢——曹操是从另外几个军阀手中把汉献帝抢回来的。这个过程也是一波三折，比如他派兵"迎接"汉献帝时，走在半路上缺粮了，是一个叫杨沛的县长提供了平时积存的桑葚干，才解了曹操的燃眉之急。曹操把汉献帝迎回以后，才被封为兖州牧，然后有了他写信送水果的事。

除了前面说的这些本地原产的水果，东汉也有一些从域外传过来、能在北方生长的水果。比如，葡萄和石榴。

葡萄和石榴原本是西域水果，是西汉时一个叫张骞的人带回中原来的。当时，汉武帝派了一个叫张骞的人做使者，去和西域沟通交流。这就是著名的"张骞通西域"。这可是一件比"孔融让梨"早了三百年的历史大事。

张骞通西域的结果你可能已经听说过，就是开辟了"丝绸之路"，让西域和中原能够相互往来。中原地区的丝绸、瓷器可以运往西域，西域的一些物产呢，也就陆陆续续地传到了中原。

不过，关于葡萄和石榴是不是张骞亲自带回来的，说法并不确定。在正史《汉书》里，只是说这些东西是汉朝使者带回来的，没说是张骞本人。使者在西域看到了葡萄和石榴这两种陌生的水果，一尝，哎，还真好吃，就决定带回去给大家尝尝。于是，葡萄和石榴得到了在中原种植

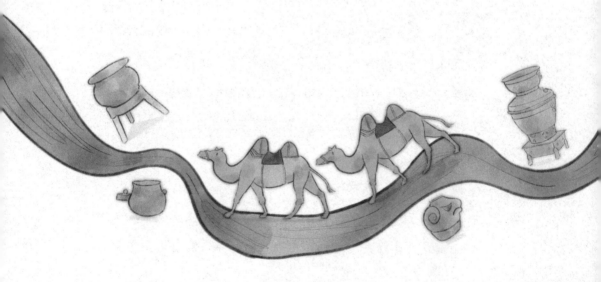

的机会。到了孔融的时代，葡萄和石榴都已经在中原种了两百多年了，孔融当然也有机会吃到。

除此之外，还有一种水果，孔融也能吃到，那就是甜瓜。甜瓜的原产地是在遥远的非洲，早在秦汉时期就传到中国了。光听甜瓜这名字，你可能会愣一下：甜瓜有好多品种啊，像什么哈密瓜、白兰瓜、香瓜、羊角蜜，都可以叫甜瓜啊，在孔融的时代，老百姓能吃到的甜瓜，具体是指哪一种呢？

据专家推断，孔融那个年代，甜瓜品种不像现在这么丰富，有一些还不是水果，是当蔬菜吃的。当时最常见的品种，应该和现在的香瓜差不多，皮挺薄，可以连皮带肉一起吃。籽儿呢，要是懒得吐，也可以不吐，一块儿咽下去就行了。除此之外，哈密瓜在汉代也曾经被当作贡品献给皇帝过。既然是贡品，可见其珍贵，老百姓应该是吃不到的，但是孔融是孔子的后代，家里有钱有地位，说不定也能吃到。所以，孔融能吃到的甜瓜很可能只有两种：香瓜和哈密瓜。

那么，我们现在常见的西瓜，孔融有没有机会能吃到呢？

很遗憾，他没机会。西瓜的老家也在非洲，但传到中国来的时间要比孔融出生的时间晚了好几百年。所以，除非孔融是个几百岁的老神仙，不然他压根儿就没见过西瓜，更别说吃了。

苹果也是类似的情况。咱们今天很容易吃到苹果，但是孔融吃不着，因为现在那种好吃的大苹果是在 1871 年以后，才陆陆续续从外国传进来的，距今只有一百多年的历史。孔融那个年代，咱们中国没有真正的苹果。

好了，说到这儿，咱们来捋一下孔融有可能吃到的水果。

首先，北方原产的水果主要有十种，它们是：梨、桃、杏、枣、李子、梅子、柿子、沙果、樱桃，还有桑葚。其次，外来的水果，总共三种：葡萄、石榴和甜瓜。十种加上三种，一共也就十三种。

这十三种水果，是孔融那个年代有可能吃上的，也是"孔融让梨"的故事中有可能出现的。不过，仔细想想，其中有好几种好像都没什么可让的，比如说葡萄和枣。每一粒都差不多大，让来让去也没意思。而甜瓜里头的哈密瓜，它又太大了。孔融说："我岁数小，吃小个儿的，哥哥岁数大，吃大个儿的。"孔融那时候才四岁，一个四岁的小孩，哪儿吃得下那么大一个瓜啊。

所以说，只有那些个头适中、大小差距比较明显的果子，

原产的有十种

外来的有三种

才值得让。梨，就是为数不多的选择。除此之外，桃、杏、李子、柿子、石榴和甜瓜也可以。甜瓜还得是香瓜那种的，如果是哈密瓜，他就只能说："哥哥吃大块，我吃小块了。"

好了，现在你对"孔融让梨"这个故事，是不是有了全新的认识和思考？很多你熟悉的食物背后，其实有很多让你意想不到的故事，还有很多能够满足你好奇心的知识。比如说，小麦居然曾经被人嫌弃？再比如说，这个世界上，有个国家竟然特别"崇拜"橙子。还比如说，咱们中国人是从什么时候开始吃炒菜的……这些，你都会在后面的故事里找到答案！

人物小传

孔融（153—208），字文举，汉末文学家，鲁国鲁县（今山东曲阜）人，"建安七子"之一。曾任北海国相，时称"孔北海"，又任少府、大中大夫等职。

孔融为人恃才负气，生性喜结宾客，抨议时政，言辞激烈，终在建安十三年（208年）因触怒丞相曹操而被杀。

孔融能诗善文，所作散文，锋利简洁，多讥讽之辞。原有集，已散佚，明人辑有《孔北海集》。

好吃的历史

Hao Chi
de
Lishi

2

油柑、橄榄，为什么会『回甘』？

　　前面咱们提到了"望梅止渴"的故事。这个故事中的情节之所以能够出现，是因为梅子这种水果很酸，并且曹操的士兵都知道梅子很酸。酸的水果可不止梅子一种，还有酸杏、柠檬、青柠等。有一种神奇的水果，自己本身没啥强烈的味道，但要是先吃了它，再去吃那些酸水果，你就会发现：哎，那些酸东西怎么变甜了？这种水果名叫：神秘果。

　　那么，神秘果的这个神秘功能是怎么来的呢？是它把酸水果里的酸味物质变成了甜甜的糖吗？当然不是，它啊，只是让人的舌头产生了"幻觉"。人之所以能尝出酸、甜等味道，是因为咱们的嘴巴里有很多味觉感受器，有的负责感受酸味，有的负责感受甜味，有的负责感受其他味道。

按理来说，这些感受器只能被特定的物质激活。一旦激活，我们尝到的就是对应的味道。就像是门锁，只能被特定的钥匙打开。

甜味感受器的"钥匙"是像糖这种甜甜的东西。如果换成酸酸的东西，是"打不开"甜味感受器的。但是，如果我们先吃几颗神秘果，它们所含有的神秘果素就会"抱"住我们的甜味感受器。这个时候，如果嘴巴里又出现了酸味的东西，比如说一颗酸梅子，那么，神秘果素就会变身成甜味钥匙，把我们的甜味感受器给打开，让我们感觉到甜味，酸梅子尝起来就变甜了。

要是用文字来详细描述神秘果给人带来的味觉体验，大约是这样的：一粒神秘果入口以后，你会先尝到一丝酸味，这是神秘果本身的味道；几秒钟后，甜味就会在口腔中泛起；这时你再吃柠檬，就会发现它更像香气比较淡的橘子，而酸梅子呢，吃起来就很像甜杏。

不过，神秘果素只能让酸的东西尝起来变甜，其他的味道都不行。比如，吃完神秘果再去吃苦瓜，或者吃盐，那该苦还是苦，该咸还是咸。而且，神秘果素的作用时间不算长，只有几个小时，所以如果隔几小时再去吃梅子，我们就又能尝出酸味啦。1979 年，我国诗人艾青写过一首诗，标题就叫《神秘果》，诗里写道，"吃了神秘果，再吃什么都是甜的"。这句话肯定是不符合事实的，神秘果只管酸味，不管别的味。但艾青作为诗人，是要借诗言志，这点小小的不严谨，并不是什么值得批评的事。

不过，这首诗又带出了一个疑问。神秘果这种植物，原产于非洲西部地区，中国没有。从诗句来看，艾青只是听说过神秘果，并没有真的吃过，在没有互联网的年代，他是通过什么途径知道神秘果的呢？

这个啊，很可能是因为 20 世纪 60 年代，时任国务院总理的周恩来出访非洲的加纳共和国，收到了神秘果作为礼物。神秘果被带回国后，种植于西双版纳热带植物园，至今还在。现在，神秘果已经有了比较成熟的种植技术，被规模化种植，可以上市了，只不过价格不算便宜，而且主要是在电商平台上销售，线下的水果店、超市里几乎见不到。是啊，这种东西也就是尝个新鲜，应该没几个人会把它当成日常水果吧？

如果你只是想感受一下神秘果到底能把梅子、柠檬变得有多甜，我教你一个简单又便宜的办法。你可以跟家人一起尝试一下。

用厨房秤称出来 17 克白糖，将其溶化到 100 毫升的水里。品尝一下这杯糖水的味道，你就能知道神秘果的甜味到底有多甜了。

如果你家里没有计量工具，没法量得这么准确，也可以拿个小碗，装一碗水，用汤匙舀一勺白糖加进去，把糖溶在水里。喝一口这样的水，你就能大概知道神秘果带来的甜味有多甜了。

除了这种能改变味觉的水果，有些水果本身也有丰富的味道，比如说油柑。2021 年夏天，有一款饮料非常流行，不知道你有没有尝试过，就是油柑汁。油柑这种本来是中国南方地区才种的小众水果，因为"油柑汁"的出现，一下子风靡全国。

油柑是一种青绿色、半透明的水果，个头比葡萄还要小，一只手就能抓起一把。之所以叫"油柑"，可能是因为样子有点像微缩版的柑橘吧。

这种水果的神奇之处是：你刚把它吃进嘴里的时候，能感觉出味道除了有明显的酸味，还带着点苦味，稍微等一会儿，等苦涩的味道散去，你就能尝出甜味了。这种味道感觉的变化，有一个专门的词，叫作"回甘"，意思是：变回甘甜。

之所以会发生这种神奇的变化，可能是因为油柑含有

大量的多酚。多酚的种类很多，大部分都是先让人尝出苦味或者涩味，稍微过一会儿，就会返回来更明显的鲜味或者甜味。我们在很多食物中，都能见到这种物质。除了油柑，橄榄也含有多酚。橄榄的味道就是先苦后甜，有回甘。

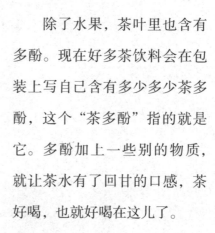

除了水果，茶叶里也含有多酚。现在好多茶饮料会在包装上写自己含有多少多少茶多酚，这个"茶多酚"指的就是它。多酚加上一些别的物质，就让茶水有了回甘的口感，茶好喝，也就好喝在这儿了。

茶叶里还有一种甜味物质，是氨基酸。"氨基酸"这个名字，你可能听说过，蛋白质就是由氨基酸组成的。氨基酸有很多种，不同种类的氨基酸，带来的味道也不一样。有的氨基酸带来的是苦味，比如说，榴莲里头会带一点点苦味，这种苦味就来源于苦味氨基酸；有的氨基酸带来的是鲜味，就是味精的那种味道；还有一些带有甜味，好茶叶里的鲜甜味就来自这种氨基酸。新鲜的海鲜，比如说鱼啊、虾啊、螃蟹啊，它们也含有许多鲜味和甜味的氨基酸。如果用清蒸或者白灼的方法来做新鲜海鲜，就能从中尝出来一种淡淡的鲜甜味。当然，海鲜的鲜甜味不只是氨基酸提供的，也有一部分来自动物肌肉里的糖类。

当然了，多酚和氨基酸带来的甜味，比不上蔗糖的甜味。但是，我们还有很多天然甜味剂，它们的味道要比蔗糖甜得多。比如说，罗汉果。

罗汉果的原产地就在咱们中国南方。很多广东人就习惯喝罗汉果茶。他们会拿罗汉果的果实和花直接泡水，加了花以后，泡出来的水会变成深红色，味道是甜甜的。

罗汉果是黄瓜和葫芦的亲戚，长得也和它们差不多，有长长的藤，得缠在树上或者架子上。罗汉果的果实和鸡蛋差不多大，圆圆的。如果你见过罗汉果，那估计见到的都是它干燥的果实，外壳又薄又脆，一掰就碎，里边有好多扁平的种子。

拿罗汉果煮汤，不用加糖，你就能尝出特别浓的甜味。要是不小心放多了，喝着都齁得慌，一锅汤里，一般放个一颗、半颗的，足够了。

罗汉果的甜味可比糖厉害，它来自罗汉果甜苷。罗汉果甜苷这种物质不是糖，但甜度要比蔗糖高三百多倍。三百多倍是什么概念呢？我给你算一算啊。现在市场上卖的白糖，一袋一般是500克，你应该见过吧？这么一大袋糖，可以用很久了吧？但用来煮汤的干罗汉果，一颗的甜味就能顶得上半袋白糖。够甜的吧？

和罗汉果情况类似的植物，还有几种。比如有一种植物叫"甘草"。甘草含有的甘草甜素，也比蔗糖甜几百倍，所以甘草吃起来也有甜味。还有一种植物叫"甜叶菊"，叶子里含有甜叶菊苷，甜度和罗汉果甜苷差不多，可以提取出来做甜味剂。

除了上面这些植物，还有一种甜的植物，一般人怎么也想不到。是什么呢？就是绣球花。绣球花也叫紫阳花，是一种常见的观赏植物。要注意的是：普通的绣球花全株都有毒，不能随便吃，能毒死人的。我们这里所说的有甜味的绣球花是绣球的一个变种，主要分布在日本。这个变种的叶子制作的茶，叫作"甘茶"。甘茶含有一种名叫"甘茶素"的物质，这种物质比罗汉果甜苷更甜，所以，甘茶的味道，你肯定也猜到了，还是甜的。

你现在在超市里能看到好多无糖饮料。虽然是无糖饮料，但有的也有甜味，这些甜味，来源于一些人工甜味剂，比如阿斯巴甜、赤藓糖醇、三氯蔗糖等等。在其他的书里，你还有可能再遇到它们哦。

好吃的历史

Hao Chi
de
Lishi

3

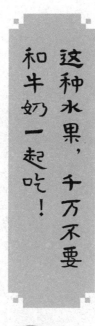

这种水果，千万不要和牛奶一起吃！

不知道你有没有听说过这么一种说法：猕猴桃和牛奶不能同时食用，因为猕猴桃里的维生素 C 会让牛奶里的蛋白质结块，影响蛋白质吸收。

这种说法极为普遍，但其实在科学上没有道理。且不说维生素 C 能不能让牛奶结块，就算结块了，也没关系，因为牛奶到咱们胃里的时候，不管怎么样，都会结块。这是因为胃里头的胃液是酸性液体，而牛奶遇到一定浓度的酸性物质以后，就会结块、沉淀。当然，牛奶结了块也没什么坏处，顶多就是消化起来慢一点，是完全不影响营养吸收的。

所以，吃完猕猴桃不能喝牛奶，否则会影响蛋白质吸收，这种说法是没道理的。不过，即便这样，我也不推荐你把猕猴桃和牛奶放在一起吃，因为这样吃起来很苦，至于原因，我会在后面的章节告诉你。

猕猴桃这种水果你应该不陌生，在水果店里经常能看到。还有一种水果你可能也听说过，叫奇异果。猕猴桃和奇异果不光外形像，切开以后连里边的瓤也像，吃起来味道都差不太多。所以，很多人都有点搞不清，猕猴桃和奇异果到底是一种东西还是两种东西。

其实，如果从植物学的角度来看，猕猴桃和奇异果属于同一个物种。但它们为什么又有两个名字呢？这就要从猕猴桃由山间野果变成栽培水果的历史说起了。

咱们日常吃的水果里，有一些原产于外国，还有一些老家就在咱们中国，猕猴桃就属于后者。根据文献记载，早在一千多年前，中国人就认识猕猴桃这种植物了。唐代有个诗人，叫岑参，就是写"忽如一夜春风来，千树万树梨花开"的那个人，他还写过一首诗，里边有一句是"中庭井栏上，一架猕猴桃"，这就是"猕猴桃"这个名字在古籍中的最早记载。现在的网络上、书籍里有时还会出现一种说法，说《诗经》中的"苌楚"就是猕猴桃，并且说我国古人认识猕猴桃的历史可以追溯到《诗经》的年代。这只是后人的一个猜想，没有确凿的证据来证实，所以我们保守一点，就把古人认识猕猴桃的最早记录定在唐代。

《太白东溪张老舍即事，寄舍弟侄等》

【唐】岑参

渭上秋雨过，北风何骚骚。

天晴诸山出，太白峰最高。

主人东溪老，两耳生长毫。

远近知百岁，子孙皆二毛。

中庭井栏上，一架猕猴桃。

石泉饭香粳，酒瓮开新槽。

爱兹田中趣，始悟世上劳。

我行有胜事，书此寄尔曹。

"中庭井栏上，一架猕猴桃"，不难理解，意思是：院子水井旁边的围栏上，有一架子猕猴桃。我们仔细想想，会觉得有点不对劲：为什么猕猴桃要种在井栏上呢？这样它结出的果子不就掉井里了吗？还怎么吃啊！

其实，当时的人种猕猴桃的主要目的并不是吃，而是用来观赏。你如果见过猕猴桃花朵的图，就能明白了。猕猴桃的花，又大又白，还真挺好看的。

当然了，古人也不是不知道猕猴桃的果子能吃。宋代有一本书叫《本草衍义》，里边说猕猴桃是"生则极酸"，就是说猕猴桃生的时候特别酸。要是没人吃过，那作者怎么知道它是酸的呢？而且，这书里还解释了猕猴桃名字的来历。原文是"浅山傍道则有存者，深山则多为猴所食"。"深山则多为猴所食"的意思就是，它的果子在深山里，经常被猴子吃。可能就是因为猴子特别喜欢吃，所以古人才不乐意去吃的，觉得跌份儿：好好的一个人，怎么能跟猴吃一样的东西呢？

所以，唐代之后的一千多年里，大家都只是知道猕猴桃的果子可以吃，没有特别重视它。清代的《植物名实图考》里说，当时的江西、湖南、河南的山里都出产猕猴桃，偶尔会有乡民把它们带到城市里出售。此外，也有文献记载，说猕猴桃是"枝叶有液，亦极黏"，描述了猕猴桃藤里的黏液。对古代文人来说，猕猴桃的黏液恐怕比它的果实更有用一些，因为这种黏液会被用在宣纸的制作工艺里，让纸变得更平整、更结实，薄厚更均匀，纸张之间也容易分开，不至于粘在一起。

到了清代晚期，也就是距今一百多年前的时候，好多外国人到了中国，其中有不少人都对中国的植物感兴趣，遇到了那些没见过的花花草草，就会采种子回去种。当时就有外国人觉得猕猴桃不错，花好看，果子样子挺奇特，还能吃，那就收点种子带回国吧。

可他们把猕猴桃的种子带回自己国家以后，发现，哎，这东西怎么光开花，不结果呢？是水土不服吗？其实不是。就算是在中国，你从山里采了猕猴桃种子拿回家种，它也很有可能只开花不结果。甚至有人推测，中国古人不怎么吃猕猴桃，可能就是因为野生的猕猴桃引种到家里以后，就不结果了，也就没能被驯化成水果。

　　事实上，猕猴桃这类植物，在植物学上叫"雌雄异株"植物，意思就是说它们有性别，分雌株和雄株。虽然雌雄株上开出来的花中都有雌蕊和雄蕊，但雌株花的雄蕊不能正常工作，雄株花的雌蕊也是退化的，所以说，如果你不把雌雄株种在一块儿，它就不能结果。可当时呢，不管是中国人还是外国人，都没有注意到这一点，那些被千里迢迢带到欧洲或者美洲的猕猴桃呢，又碰巧全都是雄株，当然就结不出果子啦，只能当观赏植物。

　　到了1904年，猕猴桃的命运发生了突变。从不被老百姓待见，到变成人见人爱的美味水果，源自一次极其偶然的事件。

　　那年有一个来自新西兰的老师，名字叫伊莎贝尔，她有个妹妹，当时住在中国。伊莎贝尔来找妹妹玩，在湖北宜昌吃到了野生的猕猴桃。不知出于什么原因，伊莎贝尔把种子留下来，带回了新西兰。

回到新西兰以后，伊莎贝尔就把猕猴桃的种子给种下了。她的运气还真不错，一共种活了三棵，其中有两棵是雌的，一棵是雄的，正好能结出果子。过了几年，陆陆续续又有其他的新西兰人来中国收集种子，带回国去种。大约到了一九二几年的时候，也就是差不多一百年前，新西兰好多地方都开始种猕猴桃啦，还培育出了好多优良的品种，比如有一种叫"海沃德（Hayward）"

的，到现在还是农业生产中的重要品种，你在水果店里买到的"绿肉奇异果"，很多都是这个品种。

猕猴桃刚到新西兰的时候，也算是一个新鲜的"洋水果"，果农得给它起个名字卖啊。新西兰既没有猴子也没有桃，你要是直译"猕猴桃"这仨字吧，又是猴又是桃的，人家还是不明白啊，所以这个新名字，得往当地人熟悉的东西上靠。于是，猕猴桃就首先被叫作"中国醋栗"。醋栗是一种浆果，味道挺酸的，欧美人经常吃，新西兰人对它也比较熟悉，猕猴桃来自中国，也有酸味，所以就被起了这么一个名字。这名字在中文里就四个字，听着不长，但是在英文里是又长又难念，所以大家都不爱买，觉得这啥玩意儿啊，名字怪怪的，肯定不好吃。

不好卖怎么办啊，改名呗。于是，新西兰果农就又给"中国醋栗"起了个新名字，叫"kiwi fruit"。英文 fruit 是水果的意思，那 kiwi 又是什么呢？它本来是一种鸟的名字，现在一般翻译成"几维鸟"。几维鸟是新西兰的国鸟，只在新西兰才有。这种鸟没有翅膀，圆滚滚、毛茸茸的，长得还真挺像猕猴桃。

果农给猕猴桃改名叫 kiwi fruit 以后，就招新西兰人喜欢了，因为和国鸟同名嘛，然后呢，外国的消费者也容易记。于是，新西兰猕猴桃就顶着 kiwi fruit 这个名字，畅销全世界。传回老家中国以后，就被音译成了奇异果。

所以说，按照植物学的观点，奇异果就是猕猴桃，它们的

正式中文名叫作"中华猕猴桃"。但如果你在超市里仔细观察，会发现，猕猴桃也有好几个品种，不同品种的猕猴桃，不光果肉的颜色不一样，外皮也不太一样。一般来说，绿肉的品种，外皮上的毛更多，比较扎手，而那些黄肉和红肉的品种，外皮大多比较光溜，这又是为什么呢？

这是因为，它们虽然都属于一个物种，但是分属于不同的变种。所谓变种，指的就是同一个地区生活的同一种生物中，外形或结构特点具有稳定差异的不同类群。这个学术定义听起来不太好理解，我给你举个例子。比如紫丁香，顾名思义，花色是紫的，但是也有一些"紫丁香"是开白花的，这些开白花的，就是紫丁香的变种。如果用正式的学术语称呼这两种颜色的紫丁香，那么紫花的可以叫"紫丁香原变种"，白花的可以叫"紫丁香白花变种"。

猕猴桃也是这样，那些生长在东部地区、海拔比较低的地方的猕猴桃，外皮上的毛比较少，它们被叫作"中华猕猴桃原变种"；而那些生长在西部地区、海拔比较高的地方的猕猴桃，外皮上有很多粗糙的硬毛，它们被叫作"美味猕猴桃"。过去，人们曾经认为中华猕猴桃和美味猕猴桃是两个物种，现在的主流观点认为，它们是同一个物种的不同变种。

当年被伊莎贝尔带回新西兰的，就是这种外皮毛毛糙糙的美味猕猴桃。现在你在市场上见到的那些绿肉猕猴桃，大多是经美味猕猴桃这一品种改良而来，外皮上的毛比较多。而黄肉和红肉的品种，是后来我国的育种工作者利用中华猕猴桃原变种培育出来的，所以外皮的毛就比较少，显得光溜溜的。

想一想，要不是当初伊莎贝尔的那个偶然行为，我们现在可能还吃不到美味的猕猴桃呢。其实，很多食物都是在交流、传播的过程中变得好吃的，下一章，我们就来说说法国间谍和草莓的故事，看看间谍是怎么让草莓变好吃的！

经典之作

《植物名实图考》：清代吴其濬撰，刊于清道光二十八年（1848 年），为中国 19 世纪重要的植物学著作。全书分两部分：一为《植物名实图考长编》，22 卷，收植物 838 种；一为《植物名实图考》，38 卷，收载植物 1714 种，分谷、蔬、山草、隰草、石草、水草、蔓草、芳草、毒草、群芳、果、木共 12 类。其中所载每种植物，大半根据著者亲自观察和访问所得，绘附精图，择要记载形色、性味、产地、用途等。对于植物的药用价值以及同物异名或同名异物的考订尤详，是研究中国植物的重要参考资料。

好
吃
的
历
史

Hao Chi
de
Lishi

4

你爱吃的草莓，
背后有段间谍故事

　　草莓这种水果，现在在水果店和超市里经常能够见到。你要是去买草莓，会发现它分了很多品种，名字还都挺好听的，比如，红色的有"红颜""章姬"，白色的有"淡雪""白雪公主"，还有淡粉色的"桃薰"等等。它们不光外形不一样，味道和口感也有区别，共同点是都很受人欢迎。

　　其实，这些琳琅满目的草莓，从植物学的角度来看，都是杂交种，在自然界中本来并不存在。我们可以把它们统称为"现代草莓"。今天咱们能够吃到这么多种草莓，可能要归功于一个三百多年前的法国间谍。这又是怎么一回事呢？且听我慢慢道来。

现代草莓在自然界中有一类野生的亲戚，用分类学术语说，就是蔷薇科草莓属的物种。光咱们中国就出产好几种，比如黄毛草莓、东方草莓，五叶草莓等等。还有一个名字特别容易让人产生误解的家伙，叫野草莓。

注意啊，这个野草莓不是现代草莓的野生祖先。野草莓的果子熟透了能吃，味道也不错，甜甜的，还有浓郁的草莓香气，就是有一个缺点：果子太小了！

野草莓只有人的指甲盖那么大，以前的欧洲人会吃它，但其实最早没把它当水果，而是当药吃，幻想着它能治病。

当然了，咱们也知道，草莓哪儿能治病啊？它只能治馋。

大概在十六世纪的时候，欧洲的好多国王啊、贵族啊，都还挺喜欢吃草莓的，英国人还发明了草莓配奶油的吃法。贵族老爷们爱吃草莓，光靠野生采集可满足不了他们的需求。既然如此，那就开展人工养殖吧。于是，当时的欧洲人把野草莓移栽到花园里，既能看花，又能吃果，一举两得。但是，当时的草莓种植技术还很落后，草莓苗都是从野外挖来的，种一两年以后，结的果子越来越少，就得扔了再换新的。从现代农业的角度来看，应该是因为引种后管理不善，种苗发生退化，从而导致了开花结果的量下降。

后来，随着欧洲人在北美洲建立殖民地，美洲植物也开始被他们所熟悉，其中也包括了草莓属植物。大约在 17 世纪初期，欧洲人从北美洲引进了一种弗吉尼亚草莓。这种草莓的果子比野草莓大，产量自然就要高一些，食用价值也比野草莓强一点，按说应该能取代野草莓，成为草莓界的新贵。

可是，弗吉尼亚草莓被引进到欧洲后没过多久，人们就发现一个问题：这东西种是能种得活，长得也挺好，可它光开花不结果，这是为什么啊？

这是因为当时的欧洲人还不知道这种弗吉尼亚草莓繁殖的奥秘。草莓属植物主要有两种繁殖方式：一种叫无性生殖，一种叫有性生殖。无性生殖靠的是茎。草莓属的植物，大多都能长出来一种匍匐茎，又细又长，贴着地面往四面八方爬。匍匐茎上有叶子，也能长出来根，根扎到地里以后，就能成为新植株。这样长出来的新植株，和老植株完全相同，就跟复制出来的一样。你可能听说过"克隆"这个词，克隆本来指的就是植物的这种无性繁殖方式。

而有性生殖呢，就是开花结果。草莓的每一朵花，如果成功授粉，都可以结出一颗红红的草莓。不过，这颗草莓果子并不是它们真正的果实，真正的果实是上面一粒一粒像芝麻一样的部分。每一粒是一个果实，里边有种子，落到地里能够长成一株新草莓。这样长出来的新草莓植株，

这些一粒粒的是草莓果实

就像咱们人类一样，既像爸爸，也像妈妈，但是又和他们都不完全相同。

当时的欧洲人，在种植弗吉尼亚草莓的时候，大多是采用无性生殖的方式，也就是把匍匐茎切成一段一段的，种在土里。别的草莓这么种一般是可以的，但弗吉尼亚草莓不行，因为它跟人似的，也有性别之分。

弗吉尼亚草莓的有些植株，花里的雌蕊和雄蕊都正常发育，这样的叫作"两性株"。这种两性株，只要有一棵，就能自己给自己授粉，结出果实。还有一些呢，只能开雌花，叫作雌株。雌株的花里，雌蕊是正常的，但是雄蕊不发育，不能产生花粉，它只能接受两性株的花粉，然后结果。

欧洲人发现雌株的产量比两性株高，所以他们就用无性繁殖的方式，种了好多雌株的弗吉尼亚草莓。但他们不知道，如果没有两性株提供的花粉，雌株是不能结果的，所以他们费劲种了半天，也没等来果子。

这个情况，一直持续到 1711 年，才出现转机。那时，南美洲的很多地方都是西班牙人的殖民地，法国国王路易十四想知道西班牙人的情报，就找了一个名叫弗雷泽的工程师到南美洲的智利去当间谍。第二年，弗雷泽顺利到达了目的地，打扮成普通人的样子，打探各种情报，比如当地的地形啊、西班牙人的军事部署啊、商业贸易情况啊等等。

弗雷泽打探情报的时候，发现了一种当地的野生草莓，果子味道一般，算不上好，但是个头特别大。他知道法国国王喜欢草莓，就历经千辛万苦，带了五棵活草莓回到法国。你可能会想，不就带几棵植物嘛，有什么千辛万苦的啊？要知道，三百多年前，从智利到欧洲，要坐几个月的船。在这几个月的时间里，草莓苗得浇水。水从哪里来呢？从大海里打来的水含有大量盐分，肯定不能用，得浇淡水。远洋航船上的淡水，那可是稀缺资源。可以说，弗雷泽带回去的这几株草莓苗，成本非常昂贵。这些智利产的草莓，后来就被命名为智利草莓。

不巧的是，这种智利草莓其实和弗吉尼亚草莓一样，也有性别之分，光种雌株不能结果，可偏偏弗雷泽带回去的就是雌株。结果可想而知，国王高高兴兴地等了半天，啥都没吃上，估计也不太高兴。

不高兴也没辙啊，人家费劲带回来的，也不能扔了啊。于是，园丁只好把它们种在花盆里当成奇花异草展览。又过了五十多年，有个年轻的植物学家，叫杜谢恩，他用当年弗雷泽带回来的智利草莓后代和欧洲的野草莓杂交，得到了一种特别棒的草莓，果子又大又好吃。于是，杜谢恩把这种新草莓献给当时的国王路易十五。国王可开心了，

专门下旨，让杜谢恩收集和研究世界各地的草莓，种在巴黎的凡尔赛宫里。

只不过，杜谢恩当时献给国王的这种杂交草莓，好是好，但还有缺点。前边说了，草莓在有性生殖的时候，种子是可以长成新植株的，但是杜谢恩的这个杂交草莓呢，种子不能发芽，它也没法再和别的草莓杂交。

不过，杜谢恩不是被派去研究草莓了吗？他在法国各地探访，发现好多民间的园丁早就开始杂交草莓了，只不过杂交的方式不一样，不是用智利草莓和欧洲的野草莓杂交，而是把前边说的那个弗吉尼亚草莓种在智利草莓边上，这样一来，智利草莓就能结出又大又甜的果子，而且种子还能发芽。用现代植物学的观点来看，其实就是弗吉尼亚草莓两性花的花粉，传到了智利草莓的雌花上，然后结出了果子。

这种杂交的草莓，因为香味有点像凤梨（也就是菠萝），所以杜谢恩给它起名叫"凤梨草莓"。今天咱们吃的各种现代草莓，基本上都是凤梨草莓的杂交后代。再早的老祖宗，那就是北美洲的弗吉尼亚草莓和南美洲的智利草莓，而这两种草莓能够相遇，全靠间谍弗雷泽把智利草莓带回了法国。

所以你现在应该明白，为什么一开始我说，我们能吃上草莓，可能要归功于一个三百多年前的法国间谍了吧？当然，他所做的工作，只是把现代草莓最重要的一个杂交祖先带回了欧洲，真正培育出现代草莓的，还是之后一代又一代的农民和育种学家。

说完法国间谍和草莓的故事，下一章我们再来讲讲中国皇帝的故事。咱们来看看，唐朝皇帝最爱的水果，你今天能不能吃到。

好吃的历史

Hao Chi
de
Lishi

5

唐朝皇帝最爱的水果，竟然是……

今天咱们一年四季都能吃到各种各样的水果，有时都让人意识不到水果还会和季节挂钩，比如苹果和橙子，一年四季几乎都能吃到。这一是因为农业技术的发展，二是因为国际航运和国内物流的发展。但对古人来说，绝大部分的水果，都得在特定的季节才能吃到，想吃西瓜，就得在夏天，想吃柿子，那就得在深秋。但是，有这么一种水果，从古至今，都只能在春天才能吃到，这就是樱桃。

看到这里，你的心中可能会产生疑惑：樱桃？那不就是车厘子吗？好像不止春天有吧？过春节的时候超市里挺多的啊。其实啊，从植物学的角度来看，车厘子和咱们老祖宗吃的樱桃并不是同一个物种。

在汉语里，一个词可能有好几个不同的含义。就说"樱桃"吧，它有广义和狭义两个含义。广义的樱桃，指的是蔷薇科中的一类植物，有的分类系统把它归入樱属，也有的分类系统把它归入李属。这些细节问题我们可以先不深究，只需要知道，蔷薇科中有一些植物，中文正式名就叫某某樱桃，如毛樱桃、钟花樱桃、高盆樱桃等等，它们开的花，就可以叫作樱花。

而在这些物种之中，有一种的中文正式名就叫"樱桃"，这就是狭义的樱桃。因为原产地在中国，所以这种樱桃也被叫作"中国樱桃"。

那么，有中国樱桃，是不是也有外国樱桃啊？没错！

我们经常能在超市里见到的车厘子，就属于外国樱桃，在分类系统中属于樱属或樱亚属。车厘子的大名叫"欧洲甜樱桃"，听名字你也能猜到，它的老家在欧洲。

欧洲甜樱桃最早被引进中国的时间，是在 1887 年。一开始，它主要是在山东种植，人们给它起的名字很朴实，就叫"山东大樱桃"。山东大樱桃品质不错，但在向全国推广时碰到了个小困难——名字有点普通，所以卖得不太好。后来，有人根据欧洲甜樱桃的英文名 cherry 的复数形式 cherries，给它起了个音译的名字，叫"车厘子"。大家一听，都想：车厘子，新奇玩意儿啊，买来尝一尝吧。一尝才发现，这种樱桃个头又大，味道又甜，好吃极了。就这么着，欧洲甜樱桃在中国打开了销路。这个时候，时间已经进入了二十一世纪，距离欧洲甜樱桃来到中国，已经过去了一百多年。

在欧亚大陆的自然环境里，欧洲甜樱桃一般是春天开花，初夏结果，所以上市的季节也应该是在初夏时节。但是在中国，春节前后，超市和水果店里也会有成箱成箱的优质车厘子出售，这又是为什么呢？原因很简单，因为这些车厘子都是从智利等南半球国家进口的，那里的夏天正好是咱们的冬天。

既然有欧洲甜樱桃，那么有没有欧洲酸樱桃呢？别说，还真有，你可能也吃过。欧洲酸樱桃也是樱属或樱亚属的成员，在欧洲广泛种植。人们目前没有找到欧洲酸樱桃的野生植株，于是推测，它可能是欧洲甜樱桃和其他樱属物种的杂交后代。这种樱桃的果实个头不大，味道很酸，不适合直接吃，只适合做罐头，经常会被用在西式蛋糕上。它的颜色特别红，连果柄都被染成了红色，很容易分辨。欧洲酸樱桃有种独特的香味，有点像杏仁味。你可能见过樱桃味可乐、樱桃味冰激凌，其实它们使用的是樱桃香精，味道并不像真正的樱桃或者车厘子，因为樱桃香精实际上模拟的是欧洲酸樱桃的香味。

当然了，真正的欧洲甜樱桃也会出现在蛋糕等甜品里。比如德国有种黑森林蛋糕，就是用甜樱桃酱和甜樱桃酒做的，再加一些黑巧克力作为点缀。有些蛋糕店误以为"黑森林"指的是黑巧克力，所以就把普通的黑巧克力奶油蛋糕叫成"黑森林蛋糕"，其实不对。黑森林是德国的一个地名，那里盛产欧洲甜樱桃。过去，人们会把吃不完的甜樱桃做成果酱和果酒，然后再用果酱、果酒制作蛋糕。

好了，现在你已经知道了，各种车厘子，不管是红的、黄的、黑的，都是欧洲甜樱桃。那咱们原产的中国樱桃，能不能吃、好不好吃呢？

答案是：能吃，也好吃！

中国樱桃如果熟透了，是纯红色的，味道很甜，比车厘子的香气还浓郁，口感特别软，外皮就像一层薄膜，用舌头一抿，内部的汁水就流出来了。当然，这柔嫩的外皮也给它的储存和运输带来了麻烦，使得它不光保质期短，还很容易在路上运输时因颠簸而被碰伤，从而迅速变质，所以基本只能在原产地卖，很难运到远处。你要是住在四川、重庆，就很容易吃到，但在北京、上海、广州这些地方，就很难见到它。

在咱们老祖宗的心目中，中国樱桃就是排名第一的春天水果。出现在中国文献典籍中的樱桃，指的就是它。一些文人墨客，还给樱桃留下了许多诗文，比如西晋时期张华写过"樱桃含红萼"，夏侯湛写过"进樱桃于玉盘"，这都是比较早期的记载，唐代还有李白的"别来几春未还家，玉窗五见樱桃花"等等。

排名第一的春天水果

在古代，反季节水果特别少，大家吃水果，基本都只能随着植物本身的习性来，植物什么季节结果，人就什么季节吃。中原地区的大部分植物，都是春天开花，秋天结果，要不怎么有个词叫"春华秋实"呢？中国樱桃虽然也是早春开花，但春末就能结果，是一年中较早成熟的水果，就算到现在，它也要比同属的欧洲甜樱桃早半个多月成熟。站在古人的角度想一想，过完春节以后，就算是新一年啦，天气转暖，桃花、杏花、梨花、樱桃花等等竞相开放，但大部分果树的果实都要到夏天或者秋天才能吃，只有樱桃树在春末就能结出成熟的果实。

古人对祭拜祖先和神灵这类事特别重视，所有的时令食物上市后都得先让祖先的在天之灵尝尝鲜，然后才敢放心大胆地吃。这种给祖先供奉时鲜食物的活动，有个专门的名字："荐新"。至于每年的什么时间，给祖先供奉哪种吃的，不同的朝代也会有变化，并不死板。西汉早期有一位学者名叫叔孙通，他告诉汉惠帝"古者有春尝果。方今樱桃熟，可献"，意思是说，古时候要在春天给祖先供奉水果，现在正好樱桃熟了，咱们就献它吧。汉惠帝同意了，从此，"荐新"就变成了一条国家制度。每年樱桃一成熟，皇上就得先带着一盘子樱桃，跑到宗庙里去给祖宗们上供。

后来，用樱桃荐新这件事，甚至都被拿来象征皇帝和朝廷了。唐代的大诗人杜甫曾写过一组诗，叫《收京三首》，里边有一句是"归及荐樱桃"，意思是说，等到来年春天，安史之乱平息，皇帝回到京城，正好能赶上用樱桃荐新。

当然了，你也知道，人哪儿有什么在天之灵啊？皇帝向祖先供奉樱桃，也只是个象征性的仪式。不过在唐代，可是真有人能吃到皇帝赏赐的樱桃的。是谁呢？就是那些朝廷的大官。唐朝的第二个皇帝，唐太宗李世民就特别喜欢吃樱桃，让人在宫里种了好多。樱桃熟了以后，李世民先拿来荐新，然后就分给文武百官吃，说："来来来，大家都尝尝新樱桃。"

大诗人王维就参加过这种皇上赐樱桃的宴会，还写了一首诗，叫《敕赐百官樱桃》。全诗内容如下：

芙蓉阙下会千官，紫禁朱樱出上阑。

才是寝园春荐后，非关御苑鸟衔残。

归鞍竞带青丝笼，中使频倾赤玉盘。

饱食不须愁内热，大官还有蔗浆寒。

"朱樱"指的就是熟透了的樱桃。

再后来，唐玄宗李隆基又玩出了新花样，他也赏赐人吃樱桃，但不是放盘子里给人端上来，而是让文武百官自己爬上树，不许用手摘，只能用嘴叼着吃。你想想，一群平时板着脸的大官，一个个都在树上叼樱桃吃，跟猴似的，这场面得多可笑啊。

到了唐代后期，还出现了樱桃宴。是为谁举小的呢？就是那些新考中的进士。隋唐以后，中国有了科举制度，让那些没什么身份地位的读书人也能通过国家组织的统一考试，获得做官的机会。唐代的科举制度中包括很多科目，比如秀才科、进士科、明经科、明法科、明算科等等，其中最主要的两个科目，就是进士科和明经科，在这二者之中，又以进士科更为难考。唐代前后一共二百八十九年，考中进士的人一共只有三千来个，要按通过率来算，一百个考生里，能考中的也不过一两个。这么

难的考试，要是能考上那可是一件大喜事啊。所以，每次考试完毕公布成绩的时候，那些考中的进士们就特别开心。为此，他们会举办宴会来庆祝。宴会的举办地点是在唐代长安城的曲江亭，号称"曲江宴饮"，场面非常盛大，皇帝都经常亲自参加。由于唐代科举公布成绩的时间是在三

月初三上巳节的前一天，正好是樱桃成熟的季节，所以新科进士举办的宴会上也会摆着很多樱桃，这样的宴会又被称为"樱桃宴"。

传统习俗

曲水流觞：每逢三月上旬的上巳日（魏晋以后始固定为每年三月三日），人们集会于环曲的水渠旁，在上游放置酒杯，任其顺流而下，停在谁的面前，谁即取饮，彼此相乐。王羲之《兰亭集序》："又有清流激湍，映带左右，引以为流觞曲水，列坐其次。"

好吃
的
历史

Hao Chi
de
Lishi

6

荷兰足球队的队服，为什么是橙色的？

你喜欢看足球比赛吗？如果你看过世界杯，一定会注意到，荷兰队特别爱穿橙色的队服。

事实上，不光是球队队服，荷兰人在生活中也对橙色有着特别的偏好，比如他们政府官网上的图标就是橙色的，荷兰皇家航空公司有些客机的机头是橙色的，就连他们皇室所用的旗帜，底色也是橙色的。

荷兰人对橙色的喜爱，甚至还影响到了农作物，比如说现在的胡萝卜，大多是橙色的，最初就是由荷兰人特地选育出来的。因为荷兰的航海业曾经很发达，被称为"海上马车夫"，橙色胡萝卜也就扩散到了全世界。

那么，荷兰人为什么这么喜欢橙色呢？和橙子有关系吗？

就爱橙子

你别说，还真有点拐弯抹角的关系。首先，咱们要明确的是，荷兰所在的欧洲，原本不产橙子。欧洲人最早接触到橙子等柑橘类水果，可以追溯到两千多年前，并且很可能和中国有关。从公元前139年到公元前116年，汉使张骞两次出使西域，使汉朝和西域建立联系，开展了广泛的经济和文化交流，史称"张骞通西域"。后来人们所说的"丝绸之路"，也由此开始建立。丝绸之路连通了欧洲和亚洲，葡萄、石榴、苜蓿等外国物产经由西域被带到了中原地区，同时也有很多中国特产沿着丝绸之路传到了中原外，其中最重要的当然是丝绸，除此之外，还有一些柑橘类的水果。

所谓"柑橘类水果"，指的就是芸香科柑橘属中的一些可食种类，比如橘子、橙子、柚子、柠檬等等。它们的果实有着相似的结构：最外层是表皮，表皮富含腺体，腺体内含有芳香油；果实内部分成很多瓣，每一瓣的外面都是薄膜状的内果皮，内果皮下是汁水丰富的小颗粒，这也是它们食用价值最高的部位。不过，如果用植物形态学术语来描述这些颗粒，听起来就稍微有点影响胃口了，因为它们实际上是内果皮上膨大的表皮毛。

柑橘类水果的种类非常多，当时传到欧洲去的柑橘类水果具体是哪些种类，现在已经很难考证了，因为缺少文献记录。而且，就算当时的记录能被保留下来，在没有实物的情况下，我们也不容易判断出种类。因为现在的柑橘类水果大部分都是杂交的产物，如果没有实物，光靠名字难以和具体种类对上号。

就比如说咱们现在吃的橙子，中文正式名叫"甜橙"。根据现在的研究，甜橙的诞生地应该是中国南方地区，它有两个野生的祖先：一种是宽皮橘，一种是柚子。"宽皮"是说外皮很容易剥，类似现在的普通橘子，而柚子皮厚实、紧密，很难剥。甜橙作为宽皮橘和柚子的子孙后代，外皮的难剥程度也介于二者之间。

宽皮橘和柚子并不是一次杂交就产生了甜橙，而是经过了反复、多次的杂交。如果宽皮橘和柚子只杂交了一次，那得到的后代不是甜橙，而是酸橙。听名字也能猜到，它的味道很酸。

酸橙又可以说是柠檬的妈妈，那柠檬的爸爸又是谁呢？是一种叫香橼（yuán）的植物。香橼你可能不太熟悉，不过它有个变种，你在南方地区能见到，长得跟好多小指头攒在一起似的，名字叫作"佛手"。佛手没什么食用价值，主要用于观赏，或者摆在屋里闻香味。香橼和酸橙杂交，就"生"出了柠檬。而如果让香橼和一种叫小花橙的植物杂交，那后代就不是柠檬了，而是青柠。青柠的果实外皮是绿的，香气和柠檬不太一样，味道比柠檬还酸，东南亚经常用它做烹饪调料，不用来当水果吃。

甜橙会是别的水果的爸爸或妈妈吗？还真有可能，甜橙如果和柚子杂交，就会得到西柚；如果和宽皮橘杂交，得到的就是橘子。

要想知道不同种类柑橘之间的遗传关系，可以看这幅图，另外，这图还可以帮我们了解更多的柑橘类水果，从而避开一些风险。因为很多柑橘类水果中都含有一种物质，叫"呋喃香豆素"。我们的皮肤如果蹭到了它，再晒了太阳，很容易引发皮炎，变得又红又肿。而且，这种物质还会和一些常见的药物产生反应，从而干扰药效，增加副作用的严重程度。

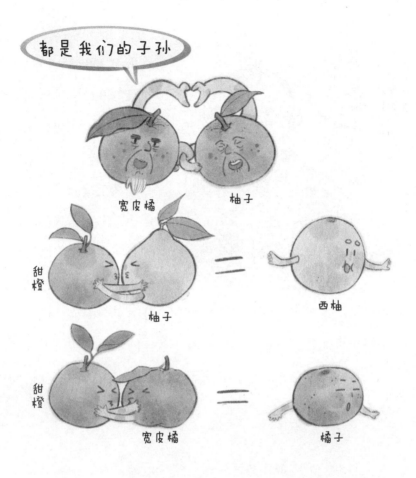

不同的柑橘类植物，含有呋喃香豆素的量也不一样。和宽皮橘亲缘关系比较密切的那些种类，比如橘子，呋喃香豆素含量就很低，相对比较安全。而其他的那些种类，呋喃香豆素的含量相对较高，应该尽量避免在服药前后食用，也最好不要在阳光下剥皮。

所以，就算是今天，我们想搞清楚柑橘类水果之间的关系都不是件容易的事。面对一个柑橘类水果，如果不去

查阅它的育种资料，很难判断出它具体属于哪一类。就比如说"果冻橙"，看名字会以为它属于甜橙，但实际上它正式的品种名叫"爱媛果试第28号"，和丑橘、耙耙柑的关系更近，硬把它往植物学的分类里套的话，说它是橘子可能还更靠谱一点。你看，就连能看得见实物的现代品种我们都这么难认，就更不要说去鉴定古代的文献记载了。

所以，咱们现在只能知道，很早以前，有人把一种或者几种柑橘类水果带到了欧洲。这其中有没有橙子呢？现在没办法确定。而且，由于战乱等因素，后来有很长一段时间，欧洲人都没有再种植柑橘，当地人对柑橘也越来越陌生。这个情况大约到了11世纪才开始改变，又有一些柑橘类水果陆续传到了欧洲，现在英语里表示橙子、橘子意思的 orange 一词，也是从那时开始诞生的。作为水果名称的 orange 这个词，起源于古印度语言，在各国之间传播

的过程中，慢慢传走了样。

当时，最先重返欧洲的柑橘类水果，是柠檬、酸橙这些酸味的种类。欧洲人用它们做菜、熬果酱、提炼精油调配香水，但很少把它们当成水果来吃，因为太酸了。16世纪时，葡萄牙的航海家把甜橙从亚洲带到欧洲。你可以想象一下，当时市场上都是酸溜溜的柑橘类水果，现在突然出现了好吃的甜橙，欧洲人当然会很高兴。所以没过多久，甜橙就在欧洲各国流行了起来。不过，流行归流行，当时的甜橙产量不高，价格很贵，也就那些国王、贵族才吃得起，是一种高级水果。

　　大约在同一时期，欧洲出现了一个重要的历史人物。这个人被后人称为威廉一世，因为他在 11 岁的时候继承了一块名叫"奥兰治"的领地，所以也被人称为"奥兰治的威廉"。看到这里，你有没有注意到一点读音方面的问题：这奥兰治怎么和 orange 听着这么像啊？没错，奥兰治地名的拼写就是 Orange，它位于现在的法国，早期的拼写是 Arausio，后来慢慢演变成 Orange，和橙子同名仅仅是巧合。不过呢，这个巧合，正是现在荷兰人喜欢橙色的原因。奥兰治亲王威廉成年以后，率领荷兰人反抗西班牙的统治，在荷兰建国过程中，起到了重要的作用，被荷兰人尊称为国父。后来的荷兰国王也都是这个威廉的后代。

　　奥兰治亲王威廉一世活跃的那段时间，正好也是甜橙开始在欧洲流行开来的时间。威廉偶然发现，这种水果和自己家族领地的名字一样，都叫 orange，而且还是当时流行的高级水果。这事儿不赖！于是，威廉干脆就把甜橙当成了他们家族的标志。从此，橙子就和奥兰治亲王威廉扯上了关系。荷兰人民很尊敬威廉一世，也就爱屋及乌，喜欢上了橙子果实的颜色——橙色，一直到今天都没有变。

张骞（？—前114），西汉汉中成固（今陕西城固东）人。汉武帝即位初期，张骞任郎侍从官，于前139年应募出使大月氏，相约共击匈奴。他越过葱岭，亲历大宛、康居、大月氏、大夏等地。元朔三年（前126年）方归汉，在外共十三年。途中被匈奴扣留，前后达十一年。元朔六年（前123年），随大将军卫青出击匈奴，封"博望侯"。元狩四年（前119年），又奉命出使乌孙，并派副使出使大宛、康居、大夏、安息等地。元鼎二年（前115年）归，拜为大行。两次出使，加强了中原和西域的联系，开辟了中国通往西方的"丝绸之路"。

好吃的历史

Hoo Chi
de
Lishi

7

白雪公主为什么会吃下毒苹果？

你一定听过《白雪公主》的故事吧？白雪公主因为美貌被王后嫉妒，逃到了七个小矮人的家里。王后发现白雪公主的藏身地后，就假扮成一个老太太，骗白雪公主吃下了半个有毒的苹果。

你有没有想过：故事的作者为什么要安排白雪公主吃苹果，而不是别的水果呢？

参照《孔融除了让梨，还能让什么水果？》那一章的推理模式，你可能会猜：会不会也是因为作者当时能吃到的水果种类不多，除了苹果，他没有更多选择呢？这个想法有一定道理，但不全面。说它有道理，是因为《格林童话》的作者格林兄弟生活在 18 世纪到 19 世纪，按照现在的国家区划，他们是德国人，书里的很多童话也都是经过二人收集整理并改编的德国民间故事。

　　找个世界地图或者地球仪仔细看看，你就会发现，德国的纬度范围大约在北纬 47° 到北纬 55° 之间，而咱们中国最北的省份黑龙江，纬度范围大约是北纬 43.2° 到北纬 53.3° 之间。也就是说，德国这个国家，在地球上整体要比黑龙江省纬度高。一般来说，纬度比较高的地方，天气会偏冷。由于气候类型不同，德国虽然整体上不如黑龙江冷，但肯定也算不上暖和的地方，所以出产的水果种类，也因此而数量不多。

　　在格林兄弟生活的年代，像柑橘、香蕉、菠萝这些怕冷的水果，都已经传播到了欧洲，但主要在欧洲南部种植，在德国很少见。所以，格林兄弟熟悉的水果种

没毒！

类，可能还不如一千六百多年前的孔融多。当时德国的水果主要是一些相对耐寒的种类，比如苹果、梨、李子、葡萄、车厘子、树莓、草莓等。

在《白雪公主》的故事里，王后假装成老太太，拿给白雪公主一个果子，一分为二，自己吃了没毒的那半个，让白雪公主吃了有毒的那半个。如果要让这个故事情节合现实逻辑，不被当时的德国读者挑毛病，那么出场的这个水果个头肯定不能太小，因为得做到一半有毒，一半没毒。要换成小个儿的，不好操作。比

如葡萄，半颗有毒，半颗没毒？老太太把一颗葡萄捏成两半，连汁带皮地拿给白雪公主，说她俩一人一半……但凡白雪公主稍微有点卫生观念，就根本不可能吃下去，剧情也就没法推进了。要是王后拎了一串葡萄，里边有的有毒，有的没毒，王后拿一颗没毒的自己吃了，然后把有毒的给了白雪公主，故事也进行不下去。因为这白雪公主在故事里也不是个傻角色，就算王后尝的那颗没毒，不等于一篮子葡萄都没毒，按说她也不会上当。

所以说，为了剧情能顺利推进，能在这个故事里出场的也就苹果和梨了，因为它们的果实个头都比较大。那么，是选苹果，还是选梨呢？应该选苹果，因为当时欧洲的梨跟咱们中国现在常见的大鸭梨、雪花梨不一样，是另外的物种，名叫"西洋梨"。现在，国内的水果店里也经常会有西洋梨出售，有些品种的标签上会写着"啤梨"，当然，它和啤酒没什么关系，"啤"字只是梨的英文名字 pear 的音译。

西洋梨的吃法比较特别，和咱们中国的各种梨都不一样。这种梨刚摘下来的时候又硬又酸，很不好吃，要在室温下放一些日子。等放软了以后，果肉就仿佛"融化"了一样，有时甚至会变得像浓稠的果汁一样，在皮上撕个小口，就可以嘬着吃，几乎都不用嚼。

这种梨当然也不适合用来下毒。因为，王后给白雪公主送硬梨还是软梨啊？送硬梨，要过好几天才能吃，可剧情里王后是要当场看着白雪公主吃下去的，那肯定不行；要是送软梨，果肉都快"化"了，毒药也会随着果汁扩散，难道要王后和白雪公主一起中毒吗？

所以说，光从水果本身来看，只有苹果适合写在德国的《白雪公主》的故事里。

除此之外，文化因素也影响了格林兄弟的创作。在欧洲当时的文化里，苹果象征着诱惑，白雪公主是因为禁不住诱惑才中毒的，安排王后用苹果来骗白雪公主，真是再合适不过了。

不过，这好好的苹果，跟诱惑有什么关系呢？难道是因为苹果特别好吃吗？其实，这是一个语言上的误会。咱们现在吃的苹果，是杂交品种，它的祖先包括了不止一种植物，其中最重要的一种叫作"新疆野苹果"，主要分布于亚洲中部地区，也包括了咱们中国的新疆。早在几千年以前，新疆野苹果就伴随着人类的迁徙活动，向东西两个方向传播出去。

在向西传播的过程中，新疆野苹果遇到了原产于欧洲的欧洲野苹果，它们发生了杂交，后代就是咱们今天吃的苹果。欧洲人种植苹果的历史大约有两千多年，最早是古希腊人在种，然后传到古罗马，再慢慢传遍整个欧洲。就这样，苹果成了欧洲人熟悉的水果，进入很多神话传说里。

比如，希腊神话里说，在天涯海角的世界尽头，有个金苹果园，大力神赫拉克勒斯曾经克服种种困难，在那里摘到了金苹果；后来特洛伊战争的爆发，也是因为三位女神要争夺一个金苹果。北欧神话里也有一棵金苹果树，由青春之神伊登负责看守，所有的神都要定期去那里吃金苹果，才能保持青春活力。到了凯尔特神话里，大英雄亚瑟王最后乘船去了仙境阿瓦隆，阿瓦隆在古凯尔特语里就是"苹果之岛"的意思。

从这些神话传说里可以看出，古代的欧洲人对苹果是既熟悉又喜欢，根本没觉得它和诱惑有什么关系。可是后来，误会来了。从遥远的中东地区，传来了另一个后来更广为人知的说法：人类的祖先亚当和夏娃受到诱惑，偷吃了禁果，结果被神赶出了乐园，这"禁果"也就象征着罪恶。其实，在最早的希伯来语版本的故事中，根本没说禁果是个什么东西，它都不一定是个果实，也有可能是小麦或者葡萄酒。但故事传到欧洲后，被翻译成了欧洲人使用的拉丁语，在当时的拉丁语中，"苹果"和"罪恶"这两个词的读音很像，所以人们就硬生生地把苹果和罪恶扯到一块儿了。因为这个语言误会，苹果在欧洲文化里就成了诱惑的象征，被写到了白雪公主的故事里。

啊！我的青春又回来了！

前面说到，新疆野苹果是向东西两个方向传播的。向西，它和欧洲野苹果杂交，最后"生"出了现在的苹果，那么，向东传播又有了什么样的结果呢？向东，它来到了中国的东部地区，也就是古人所说的中原，在那里，它和一些关系比较近的植物杂交出了海棠。海棠的种类很多，有一些主要用于观赏，也有一些的果实有食用价值，比如我国北方出产的沙果。

另外，新疆野苹果在中国的后代中，还有一种，叫绵苹果。绵苹果的食用价值很低，熟透以后吃起来就跟嚼棉花差不多，没什么甜酸味。但是，它能散发出浓郁的香气。

好香啊！

直到清末，人们都会把它摆在盘子里闻香味，作用就跟咱们家里用的固体空气清新剂差不多。1871 年，现代苹果被引进中国，最早是在山东烟台种植，而"中闻不中吃"的绵苹果就渐渐被好吃的现代苹果品种所取代，几乎绝迹了。别看咱们种苹果的时间不长，但现在的产量可不小，全国苹果的年产量已经有 4000 万吨，几乎是全世界苹果总产量的一半了。

下一章，我要给你讲一种会"吃你"的水果。到时候见！

经典之作

希腊神话，即有关古希腊人的神、英雄、自然和宇宙历史的传说和故事，是欧洲最早的文学艺术形式。它大约产生于公元前8世纪，在古希腊原住民中长期口头相传，并在借鉴了流传到希腊和其他各国的神话的基础上形成了基本规模，是古希腊人"集体"创作的艺术结晶。后在荷马的《荷马史诗》和赫西俄德的《神谱》及古希腊的诗歌、戏剧、历史、哲学等著作中被记录下来，后人将它们整理成现在的古希腊神话故事。

好吃的历史

Hao Chi
de
Lishi

8

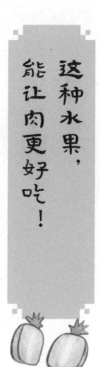

这种水果，能让肉更好吃！

　　菠萝这种水果，你应该吃过吧？不过你或许想不到，你在吃菠萝的时候，菠萝其实也在"吃"你。听了这句话，你脑子里是不是出现了很多问号？菠萝是植物，它既没有手，也没有嘴，怎么还能吃人呢？而且还非得是在咱们吃它的时候呢？

　　要说清楚这个事呢，我首先得跟你介绍一个名词：酶。酶是一类物质，有很多种，它们有一个共同点：能让某些化学反应完成得更快。每一种酶，只负责一种或者一类化学反应，具体负责什么反应，有时候能从名字里看出来。一般来说，能够分解某物质的酶，会被叫作"某酶"。比如淀粉酶，就是让淀粉快速分解的酶。咱们的唾液里含有淀粉酶，如果把米饭或馒头放进嘴里不停地嚼，过一会儿

就能尝出一丝甜味，这就是因为唾液里的淀粉酶把米饭或馒头里的淀粉给分解了，生成了麦芽糖和葡萄糖。以此类推，如果一种酶被叫作蛋白酶，那么它的功能就是分解蛋白质。

蛋白质又是什么呢？它是组成生物细胞的一种重要物质，你全身上下的细胞里，有很多蛋白质。同时，它也是人体需要的六大营养素之一，像鱼、肉、蛋、奶这些动物性食物，以及大豆、豆浆、豆腐等豆制品里，都富含蛋白质。要维持身体健康，咱们每天都需要通过饮食来补充蛋白质。蛋白质进入人体后，要先经过消化分解才能被身体吸收。人类消化道里负责分解蛋白质的酶，主要就是胃中的胃蛋白酶和小肠中的肠蛋白酶、胰蛋白酶。

菠萝的组织细胞里，也含有蛋白酶，被称为"菠萝蛋白酶"，作用同样是分解蛋白质。你在吃菠萝的时候，菠萝蛋白酶自然也随着果汁接触到了你的口腔，这样一来，就会有一些口腔细胞的

蛋白质被菠萝蛋白酶分解。这个过程的本质和肠胃里的蛋白酶分解肉蛋奶差不多。这就是为什么我说，你吃菠萝的时候，菠萝也在"吃"你。当然了，这个"吃"是要打引号的，因为它只是消化了一点点你嘴里的细胞。

有的菠萝吃起来会有点"扎嘴"的感觉，很容易让人联想到是不是菠萝蛋白酶在发挥作用。为此，很多人会用盐水泡一下菠萝，以为这样就不会"扎嘴"。其实并不能。菠萝里的蛋白酶含量并不多，人吃菠萝的时候，它在嘴里停留的时间也不长，所以，菠萝蛋白酶能消化的口腔细胞

数量微乎其微，根本不足以让我们感觉到疼。而且，泡菠萝用的都是淡盐水，里边没多少咸盐，菠萝蛋白酶产生不了什么影响，泡不泡也没什么区别。

要想知道菠萝扎嘴的真正原因，我们得用到显微镜。具体的方法是：把新鲜的菠萝汁涂到玻璃片上，拿到显微镜下看，就能发现其中含有一些透明的针状晶体。组成这种晶体的物质叫草酸钙，你吃菠萝的时候，嘴里感觉到"一扎""一扎"地疼，主要原因就是这种草酸钙晶体，它们在"扎"你呢。

难怪扎扎的

这些晶体既不怕盐，也不怕水，不管是用盐水泡还是用自来水泡，最多都只能让切面上那一点点的晶体溶解掉，对整块菠萝来说，吃起来的感觉没什么大的改变。换句话说，如果一个菠萝扎嘴，那你不管怎么处理它，都一样扎。

不过，菠萝泡过淡盐水后，那一点点的咸味能让它吃起来更甜。这恐怕才是给菠萝泡盐水最大的意义。

当然了，谁吃菠萝也不想挨扎，所以人们也在不断改良菠萝品种，由此还产生了另一个传言，说菠萝和凤梨是两种水果，菠萝扎嘴，凤梨不扎嘴。其实，它俩就是同一个物种，原产于南美洲的热带地区，清代传入我国。这种植物在植物学中的正式名字叫"凤梨"，结出来的果子在不同地区有着不同的俗名。在中国，它被叫作"菠萝"或"凤梨"，而在东南亚的华语区，它被叫作"黄梨"。至于是否容易扎嘴，只是品种之间的差别：老品种草酸钙针晶含量高，就容易扎嘴；而现在比较流行的"金钻"等新品种，草酸钙针晶含量比较少，吃起来就不怎么扎嘴。

含有蛋白酶的水果，不止菠萝一种。常见的还有番木瓜。这个名字或许会让你感到陌生，其实就是水果店里卖的那种木瓜，只不过大家为了方便，省略了"番"字。番木瓜跟《诗经》里"投我以木瓜，报之以琼琚"的木瓜不是一码事，那种木瓜才是正宗的木瓜，花朵用于观赏，果实很香，但是硬得像木头，还特别酸。番木瓜是南美洲传来的水果，名字里的"番"就代表了它的"外国"身份。有一种调料名叫"嫩肉粉"，可以让肉变得更软、更嫩，它的主要原料之一就是番木瓜中的木瓜蛋白酶，让肉变嫩的原理是木瓜蛋白酶分解了肉类中的一部分蛋白质。

另外，猕猴桃也含有蛋白酶。把猕猴桃放进牛奶里后，会让牛奶变苦，就是因为牛奶中的蛋白质被分解了，生成了一些苦味的物质。前边说过，酶的种类很多，同样是蛋白酶，擅长分解的蛋白质种类和得到的分解产物也有所不同，比如姜中含有的蛋白酶，不会让牛奶变苦，但能让牛奶凝固。

广东有一种小吃，叫"姜撞奶"或者"姜汁撞奶"，你可能吃过。制作方法是把生姜榨汁后装进碗里，然后把70℃左右的热牛奶倒进去，这就是所谓的"撞"。"撞"完了后等一会儿，牛奶就会凝固，变得有点像果冻或者布丁，挺好吃的。姜汁里的蛋白酶，功能当然还是分解蛋白质。牛奶中有一类蛋白质，可以帮助牛奶维持液体状态，如果被姜汁蛋白酶分解了，牛奶自然也就凝结成了块。

制作姜撞奶的时候，牛奶的温度不能太高，也不能太低，因为酶的活性会受温度等环境条件的影响。每种酶都有一个最适宜的工作温度，如果周围的温度高了或者低了，那酶的工作成果就会变差。姜汁里的蛋白酶，最适宜的工作温度是60℃，所以，在做姜撞奶的时候，要把牛奶加热到70℃左右再"撞"进姜汁去，然后等它们慢慢降温，等

凉下来的时候，就正好凝固完成。如果用冰牛奶去"撞"姜汁，因为温度太低，酶的活性减弱，就做不成姜撞奶。如果用滚开的热牛奶去"撞"，就不只是酶的活性减弱的事了，酶会因为高温而彻底失去活性，用通俗的话讲就是，被烫熟啦！

能让牛奶凝固的酶，不只在生姜里有，在牛、羊这些动物的胃里也有。根据现在的考证，最早的奶酪，可能在数千年前就有了。当时有人用加工处理过的动物胃装奶，却发现牛奶凝固了。后来，人们一步一步地探索，最终研究出了奶酪的制作工艺。直到今天，还有些奶酪会用到从动物胃里提取出来的蛋白酶。比如意大利有一种马苏里拉奶酪，就是比萨上那种烤熟以后能拉丝的奶酪，它的传统制作工艺，就是用小牛胃中提取的蛋白酶去促进奶凝固。如果在制作这种奶酪的过程中放太多的酶，那么就会产生苦味，和加过猕猴桃的牛奶差不多。

诗词之美

《诗经·卫风·木瓜》
投我以木瓜，报之以琼琚。匪报也，永以为好也！
投我以木桃，报之以琼瑶。匪报也，永以为好也！
投我以木李，报之以琼玖。匪报也，永以为好也！

　　《诗经》是中国最早的诗歌总集，编成于春秋时代，共三百零五篇，分为"风""雅""颂"三大类。《卫风·木瓜》为其中一首。对此诗主旨的解析，古往今来有颇多分歧，大致出现了"美齐桓公说""男女相互赠答说""朋友相互赠答说""臣下报上说""讽卫人以报齐说""讽刺送礼行贿说""表达礼尚往来思想说"等七种说法。在艺术上，全诗语句具有极高的重叠、复沓程度，具有很强的音乐性，而句式的参差又造成跌宕有致的韵味，取得了声情并茂的效果，具有浓厚的民歌色彩。

好吃的历史

Hao Chi
de
Lishi

9

世界上产量最大的水果，
有人把它当饭吃

在你的印象里，香蕉是种什么样的水果呢？是不是好多根长成一排，弯弯的，黄皮，白肉，吃起来又软又甜？其实啊，世界上有上千种香蕉，它们不都长这个模样，味道和口感也不尽相同，其中有一些甚至都算不上水果。

如果根据吃法来分，香蕉可以分为两大类：水果型香蕉和烹饪型香蕉。

水果型香蕉，顾名思义，就是能当水果吃的香蕉。我们最熟悉的那种个头比较大的黄皮香蕉，就属于水果型香蕉。这种香蕉的品种名叫"卡文迪许（Cavendish）"，因为最初发现于中国的华南地区，所以也被叫作"华蕉"。目前，华蕉是水果香蕉里产量最大的品种，咱们现在对香蕉外形和口味的印象，基本都是来源于它。但实际上，在

水果香蕉里，还有其他很多有意思的品种。

比如，在东南亚和大洋洲北部的一些地区，有种名叫"蓝爪哇（Blue Java）"的香蕉。听名字就能猜到，这是一种蓝色的香蕉。蓝爪哇香蕉的果实熟透以后，外皮也是黄色的，但在完全成熟之前，是浅蓝色的。果肉跟华蕉差不多，也是白色的，质地比较绵软，有点像冰激凌，也可以用来制作甜点。可惜的是，目前我国还没有引进栽培蓝爪哇香蕉，要想品尝它的味道，你只能亲自去产地吃。

不过别灰心，咱们虽然没有蓝皮香蕉，但是有红皮香蕉，近年来在很多水果店里都能买到。这种香蕉的果实外皮是深红色的，味道、口感跟华蕉差不多，个头一般都不大，但也有像大果红香蕉（Red green）这样的大个品种。大果红香蕉原产于东南亚地区，我国大约于 2000 年前后从马来西亚引进栽培。这种香蕉果实的单重能有华蕉的 1.5 倍到 2 倍，吃一根顶两根。

无论是黄皮香蕉、蓝皮香蕉，还是红皮香蕉，它们都属于水果型香蕉。只要是水果型香蕉，吃法就比较简单：剥了皮直接吃就行。而香蕉中的另一大类——烹饪型香蕉，可就得换个吃法了。水果型香蕉里，可溶性糖（比如蔗糖、果糖、葡萄糖）含量比较高，水分含量也比较高，所以吃起来是又香甜又软糯。而烹饪型香蕉的可溶性糖含量不高，但淀粉含量很高，生吃不甜，也没有水果型香蕉那种软滑的口感，一般来说只有做熟后口感才会变得软糯，带有香甜味，类似于生红薯和熟红薯之间的区别。

　　我国目前并未大规模引种栽培烹饪型香蕉，市场上也见不到，它们主要产自非洲，是当地很重要的粮食作物。换句话说，非洲人把它们当主食来吃。吃法很多样，各地都有各地的烹饪手法：要简单点的，就是直接放锅里蒸、煮、熬、炖；要复杂点的，可以把香蕉切成片，下油锅炸熟，再搭配别的配菜来吃，或者是把香蕉捣成泥，加上各种调料后吃，有点像吃土豆泥那样。

还有些烹饪型香蕉的品种，就算做熟了也不好吃，带有涩味，这类香蕉就主要用于酿酒。

在太平洋上的一些热带和亚热带海岛上，还有一种特殊的"菲香蕉"，也属于烹饪型香蕉。这种香蕉的果实外皮是橙色或红色的，果肉是黄色或橙色的，这是因为其中含有很多胡萝卜素，可以在人体内转变成维生素 A。所以，相比于白肉香蕉，菲香蕉的营养价值会稍高一些。另外，菲香蕉的植株形态也和其他香蕉不太一样：其他香蕉的果穗大多是下垂生长，而菲香蕉则是竖直朝天生长的。

曾经有这样一个笑话，在香蕉的很多原产地间流行：菲香蕉和普通香蕉打架，最后菲香蕉赢了，所以得意扬扬地抬起了头，而普通香蕉就蔫头耷脑的了。

总而言之，香蕉是个宝贝，有的可以作为水果解馋，也有的可以作为粮食饱腹，是人类非常重要的食物。但是，这么重要的食物，现在居然快要灭绝了。这可不是危言耸听。对于咱们这些把香蕉当水果吃的人来说，就算香蕉真的没了，也不过就是少一种水果，可是还有很多热带地区国家的人是把香蕉当作主食来吃的，要是没有香蕉，他们可就要饿肚子了。

这好好的香蕉，怎么就要灭绝了呢？这就要从香蕉的植物学特点说起了。目前全世界的上千种香蕉，并不都属于同一个物种，但也没有被分开成上千个物种。"香蕉"这个名字，实际上泛指芭蕉科芭蕉属中的可食用种类，其中最重要的两个野生种是野蕉和小果野蕉。目前全世界绝大多数的栽培品种香蕉，都是它俩的后代，只不过血统不一样：有的完全是小果野蕉的后代，比如华蕉；也有的是野蕉和小果野蕉的共同后代，比如我国出产的粉蕉和大蕉。前边提到的那个"菲香蕉"，可能是为数不多的例外。根据目前的研究结果，它也许是小果野蕉的后代，也有可能和野蕉、小果野蕉都没有关系。

不管祖先是野蕉，还是小果野蕉，还是别的什么物种，大多数栽培的香蕉都有个共同点，那就是种子不发育，只能通过无性繁殖的方式去"传宗接代"。香蕉本身有种子，像那种野生种类的种子比较大，落在地上就能够生根发芽，长成新的植株，而栽培种类则不然，它们的种子（就是果肉中央那些黑色的小点）非常小，也不能生根发芽。种香蕉的时候，只能采用无性繁殖的方式，具体来说，就是从香蕉的根部掰下来小芽，埋在土里，相当于克隆一个后代。这种繁殖方式会让后代的基因和上一代完全一样。基因既能在很大程度上决定香蕉的外形、口感、味道，也决定了它能不能对抗疾病。所以，同一个品种的香蕉，它们对疾病的抵抗能力几乎一模一样。

之所以说香蕉可能灭绝，就是因为有一种香蕉的传染病正在全世界蔓延，得了这种病的香蕉树会很快枯萎、死亡，无法再结出果实。这种传染病叫"香蕉枯萎病"。这种病的病原体潜伏在土壤里，能潜伏很久，很难根除。所以，一旦一片土地上闹过这个病，那么这之后很多年，这片土地都没法再长香蕉了。

我病了

说起来，这香蕉枯萎病也不是第一次兴风作浪了，几十年前，它就已经干掉了一个香蕉品种。咱们前面说到，目前产量最大的水果香蕉品种是华蕉，而在一百多年前，全世界最流行的水果香蕉品种叫"大麦克（Gros

Michel)"。大麦克香蕉的香味特别浓，具体来说，就是现在那些香蕉味冰激凌的香味，它们所使用的食用香精研发时间比较早，模拟的就是当时流行的大麦克香蕉的味道。所以，如果你想知道大麦克香蕉的味道，就只能去吃香蕉味冰激凌了。

大麦克这个品种对香蕉枯萎病的抵抗力很弱，二十世纪初期，香蕉枯萎病开始在全球范围内扩散，之后逐渐侵袭了世界各地的香蕉产地。为此，人们不得不寻找抗病的品种来代替大麦克。大约在1960年，有人发现华蕉的抗病力很强，就用它取代了大麦克，使华蕉逐渐成为最主流的水果香蕉。

不过，香蕉枯萎病的病原体也在不停变异。二十世纪末期，能有效感染华蕉的病原体出现了，并且也在慢慢扩散，枯萎病又有了在全世界蔓延的趋势。正因为如此，科学界才发出了预警，提醒人类：香蕉枯萎病并未远去，如果要想让子孙后代还能吃到香蕉，就必须马上行动起来。可以采取的措施有加强检验检疫、选育新的抗病品种、寻找更好的种植方式、研发能对抗香蕉枯萎病的药物等等。目前虽然已经取得了一些成果，不过还有很长的路要走。

好吃的历史

Hao Chi
de
Lishi

10

中国人是从什么时候开始吃炒菜的？

我先考你一个问题：

下面哪位古人，不可能吃过炒菜：

A. 秦始皇　　　　B. 孔子

答案是：他俩都吃不到。

你别看今天咱们的中餐经常会用到"炒"这个烹饪手法，但按照现有的可靠记载，在我国，炒菜的历史只有一千多年。那么，为什么再早些的古人不吃炒菜呢？是因为不爱吃吗？当然不是！他们不吃炒菜，一是因为没有锅，二是因为没有油，所以根本就没想到，菜还能炒着吃。

不过啊，这个"没有锅"和"没有油"，可都是带引号的，古人并不是真的没有。咱们这里所说的"没有锅"，指的是没有铁锅。

要想炒好菜，必须火大、锅热得快。所以炒菜用的锅，材料就得是金属的，因为金属传热快。在现在的民间俗语中，会用一个词来形容豁出去日子不过了——"砸锅卖铁"。可是，要是倒退三千年，铁锅可是稀罕东西，全国都不见得有一个。

这是因为，铜的熔点要比铁低很多，纯铁的熔点是1535℃，而纯铜熔点只有1083℃，如果在铜中加入锡，那得到的合金就是青铜，青铜的熔点比纯铜还低，只有大约800℃。一般来说，一种金属熔点越高，熔炼加工所需要的技术条件也就越高。在商周时期，炼铁技术还不太发达，青铜器虽然多，但是比较贵重。王公贵族能用青铜器来做饭，买不起青铜器的普通老百姓只能用陶罐、瓦罐去做饭。陶罐和瓦罐传热比较慢，只适合炖汤，不适合炒菜。一直到汉代，炼铁技术提高了，普通人家也用得起铁锅了，才有可能发明炒菜这个技术。

说完了铁锅，我们再来说油。"没有油"指的是没有便宜的油。炒菜出现之前，古人也吃油，但是吃的油和现代人习惯吃的油不太一样。现在咱们家庭常用的食用油，主要有花生油、橄榄油、大豆油、菜籽油、葵花籽油等等，

还有可能是几种油调配出来的调和油。另外还有香油，只不过因为它香味太浓郁了，炒菜一般不用，做凉拌菜的时候才会用一下。

这些油全都是从植物种子中榨出来的，所以都是植物油。而在商周时期，主要的食用油是动物油。

不管是植物油还是动物油，本质其实都是同一类物质——脂肪。只不过，根据组成的成分不同，脂肪可以分成很多种类。动物的脂肪中大多富含饱和脂肪酸，遇热会融化，在常温下则会凝固，变成固体形态。像奶油、黄油，都是这样的油，所以它们在超市里卖的时候，都是一块一块的，用盒子或者锡纸包装起来，不需要装在瓶子里。而大多数的植物油，都富含不饱和脂肪酸，在常温下是液体，所以都是装在瓶子里卖。

不过要注意，利用常温下是固体还是液体来区分油脂来源的方法，有时也会不准确，所以只能说大多数是这样包装的。比如，很多鱼类体内的脂肪中富含不饱和脂肪酸，提取出来的油虽然是动物油，但在常温下也是液体；而棕榈油、椰子油虽然都是植物油，但在常温下是固体。

咱们中国的古人，最早的时候，主要都吃动物油，那么这动物油是从哪儿来的呢？你想象一下，在几千年前，有个人从外面回家，带回来了一块肉，五花三层的，有肥有瘦。怎么吃呢？就把肉放在瓦罐里，加上水，再加上点盐啊、花椒啊之类的调料，放到火上煮。肉煮熟了以后，香喷喷的，全家人饱餐了一顿。吃完后，大家都坐在那儿，谁也不想刷锅刷碗。过了半天，家里的小朋友说："算了，我去刷吧！"然后一看……嗯？瓦罐里怎么有一层白色的东西呢？摸上去还滑溜溜的。

这是什么呢？我估计你也猜出来了，就是肉里的肥油，在炖肉的时候被煮出来了。因为肥油比水轻，所以漂在水上；因为是动物脂肪，所以一遇冷就凝固了。在商周时代，

人们吃的、用的油，主要就是这种动物油，只不过，当时它一般不叫"油"，而叫"脂"或者"膏"。有个成语叫"民脂民膏"，就是用来形容老百姓的劳动所得。

动物油脂也能炒菜。直到今天，好多人还喜欢自己熬猪油做菜吃呢。猪油最简单的吃法可能要数猪油拌饭了。把白色的膏状猪油放在刚蒸好的米饭上，再加上一点酱油、香葱，趁热搅拌均匀，就可以吃了。虽然从营养学的角度看，猪油拌饭并不健康，但它香啊。

成书于西汉时期的《礼记》中，写了周朝天子吃饭时，菜肴的八种烹饪方法，好多都会用到油，比如煎、烤、煮。

还有一种菜肴是把油融化了，和肉酱一起浇在米饭上，跟现在的猪油拌饭差不多做法。还有就是用动物肠子上的油膜包着肝，等油把肝浸透了，再拿去烤，和现在新疆的油包肝做法有点像。这些菜吧，我们想象一下味道，应该是挺好吃的，但都不是炒菜。

要想炒菜，必须要有油。先秦时期，畜牧业不像现在这样发达，没有那么多猪牛羊肉，也就熬不出来那么多的动物油去让大家吃。"炒"这种烹饪方法即使被人发明出来了，也没有条件在全社会推广。

那么，到什么时候，中国人才开始炒菜了呢？根据现有的证据，应该是在魏晋南北朝时期，距今约1400年—1800年前。那个时候，铁锅已经普及了，而且还有了便宜的植物油。

汉代以前其实也有植物油。当时的植物油主要是两种，一种叫荏油，一种叫麻油。"荏"是紫苏的一个品种。紫苏的种子在北方地区俗称为"苏子"，富含油脂，但一般是用来喂宠物鸟，人吃得不多。紫苏现在也会出现在餐桌上，只不过主要吃的是叶。麻，指的就是大麻。大麻原产于亚洲，在我国也有野生分布，茎中的纤维能被提取出来用于制成麻绳、麻布。大麻的种子中含有丰富的脂肪，可用于榨油，也就是麻油。大麻有两个亚种，其中的印度亚种富含致幻成分，可用于制作毒品，在包括中国在内的很多国家都禁止或限制种植。而中国古代栽培的是另一个亚种，致幻成分含量很低，不能用于制作毒品。紫苏和大麻都产油，但是产量都不大，当食用油的话，不太够吃。

到了汉代，发生了一件大事，那就是张骞通西域。在那之后，好多农作物从西域传到了中原。这些经由西域传来的作物，名字中经常会带一个"胡"字，这是当时中原人对西北地区族群的称呼。有些名字现在还在用，比如胡萝卜，也有些名字后来被改了，比如胡瓜改叫黄瓜，胡豆改叫蚕豆。

还有一种当时叫胡麻的作物，现在改名叫作芝麻。不过要注意，现在在我国北方的一些地区，人们也吃胡麻油，那是一种用亚麻种子榨出来的油，和古代的胡麻不是一种东西。

芝麻种子里的油脂含量那可比紫苏、大麻高多了，还很容易种。古人甚至会把它种在田地周围，当篱笆用，因为它的植株长得高嘛，密密地种一排，羊啊、鸡啊就不容易溜进农田里偷吃秧苗了。

芝麻榨出来的油，其实就是香油。你别看现在咱们炒菜不怎么用香油，嫌它香味太浓，但在古代可就不一样了。芝麻普及以后，大家一下子就爱上香油了，因为又便宜又

芝麻长这样

好用。不光做饭、做菜用香油，平时点灯、润滑器具也都用香油，甚至打仗都用。三国时期，魏国有个名叫满宠的将军，在守城的时候，遇到东吴大军进攻，于是就派了几十个人，在火把上灌香油，把敌军的攻城器械都给烧了，最后获得了胜利。这也说明，那个时候，香油就已经不算稀罕东西了，连一个小城里都能随随便便找出好多，拿来放火用。

东吴被香油烧的故事还不止一起。公元 280 年，西晋将领王濬率领庞大的水军舰队，从益州（今四川、重庆等地区）顺江而下进攻东吴。吴军在长江江面上布置了很多铁链，用来阻挡晋军战船，但是王濬将浸满了香油的火把装在木筏上，点燃后推向铁链，把铁链尽数烧断，庞大的舰队再无阻拦，直接开到了吴国国都建业（今江苏南京），吴主孙皓投降，由此天下三分归于一统。唐代刘禹锡写下了诗句描述这次战役："王濬楼船下益州，金陵王气黯然收。千寻铁锁沉江底，一片降幡出石头。"但他在读史书的时候或许没有留意，帮助西晋统一天下的，除了杜预、王濬这些功臣，还有来自芝麻种子的香油。

有了铁锅和便宜的植物油，老百姓就能炒菜了。南北朝时期，有一本书叫《齐民要术》，里边写了好多跟农业相关的事，其中就介绍了一种"炒鸡子法"。原文是："打破，著铜铛中，搅令黄白相杂。细擘葱白，下盐米、浑豉，麻油炒之，甚香美。"意思就是，把鸡蛋敲开，蛋清蛋黄

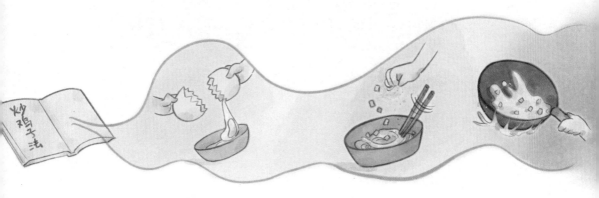

搅匀，然后加葱花、豆豉、盐粒之类的调料，用香油炒熟，味道好极了。这和现在的炒鸡蛋，几乎没什么区别嘛。

到了元代，人们开始大量种植油菜，油菜籽可以榨出菜籽油。再后来，又有了花生，可以榨花生油。到了今天，又流行起橄榄油、玉米油、葵花籽油等各种植物油，炒菜也越来越普遍了。所以说，咱们现在每天吃的家常菜，搁两千多年前，连秦始皇看了估计都会眼馋呢。

经典之作

　　《礼记》，儒家经典之一，是秦汉以前各种礼仪论著的选集。相传由西汉戴圣编纂，今本为东汉郑玄注本。有《曲礼》《礼运》《学记》《乐记》《中庸》《大学》等四十九篇。大概率为孔子弟子及其再传、三传弟子等所记，是研究中国古代社会情况、儒家学说和文物制度的参考书。

好吃的历史

Hao Chi
de
Lishi

11

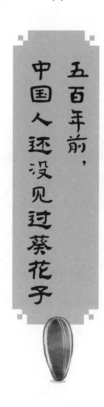

五百年前，
中国人还没见过葵花子

　　听到"瓜子"这个词的时候，你首先想到的会是什么样的东西？

　　如果你去街上随便找人问这个问题，估计大多数人都会想到那种窄窄长长、外皮上有黑色花纹的葵花子。当然，肯定也会有一些人首先想到黑瓜子或者白瓜子，它们分别是西瓜和南瓜的种子。

　　但是，如果是在一百多年前问这个问题，中国人给出的答案就不一样了。清末的《诸暨县志》说葵花子是"可炒食，香烈甚于瓜子"。也就是说在当时人的观念里，"瓜子"指的就是西瓜子和南瓜子，至于葵花子，对不起，它是向日葵结出来的，和瓜没关系啊，怎么能叫"瓜子"呢？事实上，向日葵不光不属于瓜，它结出来的葵花子，根本

就不是种子。

向日葵的老家在北美洲，明代末年才传入中国，距离现在也就四百多年的历史。而且在当时，它也不叫向日葵，而是叫向日菊。它在分类学上确实属于菊科，拥有和其他菊科植物类似的花序形态。那么，"向日"又是怎么回事呢？

很多人会以为，向日葵那个大大的花盘会跟着太阳转：早上太阳从东边升起，它就朝东；中午太阳转到了南边，它就也跟着朝南；晚上太阳在西边落山了，向日葵也把脸转向了西边。可是，第二天要怎么办呢？太阳依然从东边升起，难道向日葵要在天亮的时候把脑袋一甩再转回东边？还是秆儿拧一圈，把花拧回东边？

　　其实，太阳落山以后，向日葵的花序会慢慢地转回东边，既不是猛甩头，也不是拧一圈。另外，向日葵也不是一直都能"向日"，它只有在刚开花以后的一段时间才有这个习性，等到果实成熟、花盘变重，它就转不动了。早在明代末年，它刚传入的时候，人们就发现了它的"向日"运动，所以给它起的名字（向日菊）中带有"向日"两个字。

　　后来为什么又给它改名叫向日葵了呢？这就要从更早的时候说起了。"向日葵"这个名字，早在两千多年前中国就已经有了，但是它指代的植物，不是美洲传来的向日葵，而是一类中国原产的蔬菜。

　　在西周时期的《诗经·豳风·七月》里有"七月亨葵及菽"，汉代乐府诗中也有"青青园中葵，朝露待日晞"的诗句，说明葵菜的种植和食用历史已有两三千年之久。在很长一段时间内，葵都是中国最重要的蔬菜。注意啊，不是"最重要的蔬菜之一"，是"最重要的"，没有之一。北魏时期有本讲农业技术的书叫《齐民要术》，书中在讲述蔬菜种植技术时，开篇第一节就是《种葵》；元代的《农书》说它是"百菜之主"；明代的《本草纲目》说它是"五菜之主"。

不过，同样是《本草纲目》里，也说到当时种葵菜的人已经不常见了。之后的几百年里，葵菜的地位逐渐被白菜家族的各种蔬菜所取代，最后人们都不知道它究竟是种什么样的植物了。直到二十世纪七十年代，考古研究者在湖南长沙马王堆汉墓中发现了一些标注了"葵种"的植物种子，经过比对，发现这种种子和当地一种叫冬葵的植物种子十分吻合，这样才确定了古时的葵菜指的就是以冬葵为代表的几种锦葵科锦葵属植物。

既然能把古书中的葵菜和现实中的植物对上号，我们就能分析一下，古人为什么如此看重葵菜。主要原因有两个：一是冬葵产量比较高，《齐民要术》中说它"日日剪卖……周而复始，日日无穷"；二是因为它好吃，煮熟以后又软又滑溜，没牙的老人都能吃。

现在，冬葵已经不是全国普及的蔬菜了，如果你想体验一下它的口感，可以去尝尝木耳菜。在植物学上，木耳菜的正式名字叫作"落葵"。落葵（或者说木耳菜）也是滑溜溜的，和冬葵的口感差不多。之所以叫"落葵"，就是因为吃起来很像冬葵，而"落"字在这里指的可能是篱笆，说的是这种植物喜欢缠绕在篱笆上生长。

古人种葵菜的时候，还发现这类植物有个特点：它们的叶片和花会向着太阳光的方向倾斜生长。北宋的司马光就在诗中写到，"更无柳絮因风起，惟有葵花向日倾"。其实，绝大多数植物都能这么长，只不过是古人见葵菜见得多，所以对它的这一印象就特别深。"向日葵"这个词就是这么诞生的。在两千多年前，它原本指的是向光生长的葵菜，和后来北美洲来的那个向日菊没有什么关系。到了明末清初的时候，有人犯了张冠李戴的错误，把向日菊错叫成了向日葵。同样是在这段时间，葵菜在中国人餐桌上的地位已经降低，人们不再熟悉真正的葵菜了，于是，"向日葵"这个名字就越传越广，到了今天，反而成了这种植物正式的名字。

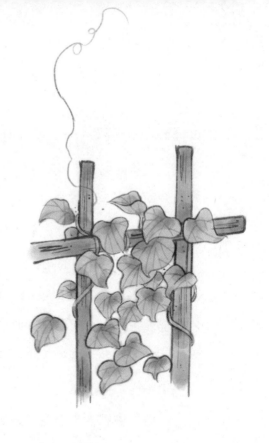

认识了向日葵，我们再来说说葵花子为什么不是种子。向日葵的花，开得像个大盘子，外边看起来有一圈"花

瓣"，中间有一片"花蕊"，但实际上，我们看到的那"一朵"盘状的向日葵花，并不是一朵花，而是许多朵花合在一起组成的一个花序。外圈的每一片"花瓣"，中间的每一根"花蕊"，实际上才是一朵朵的花，只不过，这些花们分工不同。外圈的花长得又漂亮又显眼，负责吸引蜜蜂、蝴蝶这些昆虫。昆虫被引来后，会在花序上活动、采蜜，这样就帮助中央那些不起眼的花完成了传粉，传粉成功以后，长出来的一颗颗果实就是葵花子了，它真正的种子是果实中的"瓜子仁"。

咱们中国人吃葵花子的历史并不算久，清代中后期的《植物名实图考》中说向日葵是"子可炒食，微香……滇、黔与南瓜子、西瓜子同售于市"。这就是说，云南、贵州地区在当时吃炒葵花子。但是，"有人吃"和"流行"是两码事。有个传统相声叫《报菜名》，它的创作时间大约是二十世纪初期，里边列举了好多食物名，其中有"四干四鲜四蜜饯"。"四干"是四种干果，有黑瓜子、白瓜子、核桃蘸子和糖杏仁。你看，没有提到葵花子，这说明，在二十世纪初，葵花籽还不太流行。但是呢，它倒是提到了黑瓜子和白瓜子，也就是西瓜子和南瓜子，说明当时的人主要吃的就是这两种瓜子。

事实上，西瓜子和南瓜子在中国流行的历史也不一样，西瓜子要比南瓜子早上几百年。中国人吃瓜子，最早的记载是在北宋时期，距离现在有一千多年了，当时有本书叫《太平寰宇记》，就跟现在的大百科全书一样，写了全国各地的地形地貌和风土人情，其中就说到了"幽州产瓜子"。幽州是哪儿呢？就是现在河北、北京、天津这一带。

只不过啊，书里只说了幽州产瓜子，没说怎么吃，很有可能是当时的商家剥出来瓜子仁卖，大家买回去直接吃，不用自己嗑。像咱们今天这样一边嗑一边吃瓜子的记载，最早是在明代才出现的。

既然北宋有"幽州产瓜子"的记载，那当时产的是哪种瓜子呢？应该是西瓜子，因为向日葵和南瓜都是美洲的植物，当时还没有传到中国来。西瓜虽然也是外来的作物，但是早在唐代就已经传到中国了。而且，不管是当时还是现在，河北一带都盛产西瓜。所以我们可以说，北宋人吃的瓜子，只能是西瓜的种子。甚至还有学者认为，当时的人种西瓜，就是为了吃瓜子，要不然，《太平寰宇记》里怎么光写幽州产瓜子，不说幽州也产西瓜呢？

明清时期，西瓜子不光在中国流行，吃法还多了不少花样。比如明末宦官刘若愚写的《酌中志》里提到，明神宗朱翊钧喜欢吃盐焙的鲜西瓜子。明代还有本叫《竹屿山房杂部》的书里写西瓜子的吃法是槌去壳，只留种仁，然后再焙烤。而清初的《节序同风录》里又提到当时流行把西瓜子炒熟放衣袖里，一边走路一边嗑。就连《红楼梦》里，都有嗑瓜子的情节。

　　到了明代后期，南瓜传到了中国。后来人们发现，南瓜的种子炒熟了也能吃。戏曲理论家齐如山生于1875年，经历过清朝晚期，他曾在自己的书中，提到了人们吃瓜子，还详细介绍了当时瓜子的吃法，"吃时加盐稍加一些水，入锅微煮，盐水浸入瓜子而干，再接续炒熟，或微糊亦可，味稍咸而干香"。

　　比齐如山晚一些的作家郑逸梅也在书里说南瓜是"瓜瓤有子，比西瓜子大，加盐炒熟以后可以当零食吃"。南瓜子比西瓜子好嗑多了，他自己因为不擅长嗑西瓜子，所以就特别爱吃南瓜子。现在人们更喜欢葵花子，那也是很自然的事，毕竟，它比西瓜子和南瓜子都好嗑嘛。

《长歌行》
青青园中葵，朝露待日晞。
阳春布德泽，万物生光辉。
常恐秋节至，焜黄华叶衰。
百川东到海，何时复西归？
少壮不努力，老大徒伤悲。

《长歌行》为汉乐府诗歌名篇。诗人借朝露易晞、花草易萎等自然景象，劝诫世人要惜时奋进。"少壮不努力，老大徒伤悲"已成为流传千古的经典格言。

好吃的历史

Hao Chi
de
Lishi

12

梁山好汉
吃牛肉真的犯法吗？

　　在古典小说《水浒传》里，经常有梁山好汉吃牛肉的情节。比如第十四回中，吴用和阮氏三兄弟去酒店吃饭，问店小二有什么吃的，小二回答是"新宰得一头黄牛，花糕也似好肥肉"。又比如第二十二回，武松在景阳冈前喝酒，是吃了四斤熟牛肉。我大致统计了一下，像这种吃牛肉的情节，全书一共有三十一处。

　　吃牛肉这个事，放在今天，那完全不值一提，因为市场上、超市里天天都在卖；可是出现在《水浒传》里，有人就认为这事情不简单了，因为在中国历史上有很长一段时期，吃牛肉是违法行为，作者描写梁山好汉吃牛肉，是在表现他们的反抗精神。

　　这个观点到底对不对呢？在我看来，这个观点确实有依据，但也不完全对。

　　要解释清楚这个问题，就得先认识一下牛。在中国，作为家畜驯养的牛主要有三种：家牛、水牛和牦牛。其中，牦牛基本上都在青藏高原地区养殖，其他地区自古以来养的都是家牛或水牛。

　　家牛也叫黄牛。不过，它的皮毛并不都是黄色的，也有白色、黑色、棕色、黑白花等多种毛色，只不过因为中国传统的家牛品种大多是黄毛的，所以大家就习惯叫它黄牛。我国北方地区养的牛，大多是黄牛，因为它比较适应干旱的气候，也不怕冷，缺点是脾气比较倔。有个说法叫"牛脾气"，就是形容人的性格倔强，跟黄牛似的。

　　而水牛就喜欢泡在水里。这种牛比较怕冷，只能生活在温暖潮湿的南方地区。水牛力气大，性格也比较温顺，可以让人骑。很多表现南方水乡场景的画上，会有一个吹

着笛子骑着牛的牧童，牧童骑的肯定是水牛，没有骑黄牛的。

　　不管是黄牛还是水牛，肉的味道都不错，煎炒烹炸，样样适合，要是说哪个厨子能把牛肉做得难吃，还真有点稀奇。黄牛和水牛的肉在外观上略微能看出一点区别：黄牛肉比水牛肉略黄一些。因为黄牛会在身体里积蓄类胡萝卜素，所以脂肪中会带一点黄色，不是特别白；而水牛的身体里基本不会积累类胡萝卜素，所以脂肪基本就是纯白的。

　　牛肉自古就是人们喜爱的美食，所以古人给神灵上供，会用到牛肉。根据《礼记》记载，周朝的天子祭祀社稷时用的祭品是"太牢"，也写作"大牢"，指的是牛、羊、猪。诸侯比天子地位低一些，就只能用"少牢"，只有羊和猪，没有牛。

　　从太牢降级到少牢，为什么只是去掉了牛呢？因为牛肉、羊肉、猪肉这三种肉中，牛肉最珍贵。牛肉贵重的原因之一是：比起羊和猪来，牛的繁殖效率低，生长周期长，牛肉自然也就更为难得。还有一个重要的因素是，中国从古至今都很看重农业，牛能用来拉犁耕地种粮食，是重要的生产工具，不能随随便便就宰了吃肉。

很多朝代的法律中都有保护耕牛的条款。比如汉代的法律就规定，只有年老体衰的耕牛才能被宰杀。西汉时期有一本书叫《淮南子》，内容丰富，涉及哲学、政治、经济、军事、科技等各个方面，可以说是中国古代的一部百科全书式著作。东汉时的人在给这本书做注解时写到"王法禁杀牛，犯禁杀之者诛"，意思就是说违法杀牛要判死刑。

《淮南子》的作者是西汉初期的淮南王刘安及其门客。刘安是汉朝开国皇帝刘邦的孙子，刘邦当年打天下的时候，跟关中父老约法三章，大意是秦朝法律太严苛了，他现在只规定三条"杀人者死，伤人及盗抵罪"，只有杀人才够得上死刑。可是，等到老刘家坐稳江山了，连杀头牛都要判死刑？是不是有点过分啊？

估计古人也是这么想的。所以，汉朝以后的法律里，杀牛罪的判罚减轻了不少。唐朝时是判有期徒刑，还根据违法情节，有不同的刑期：牛主人杀自己的牛，就判一年徒刑；如果是杀了他人的牛或者官府的牛，就要判一年半；要是偷了别人的牛杀掉，就要判两年半……情节最轻的情况，就是有牛毁伤财物，物主出于防卫杀死了牛，由于带有"正当防卫"的色彩，所以不判徒刑了，改成打九十大板。之后的宋、明、清等朝代，私自杀牛的刑罚思路也都大同小异，都是视情节轻重而定。

也正因如此，才会有人认为古代的守法良民都不敢吃牛肉，《水浒传》里写那么多梁山好汉吃牛肉的情节，是

作者在表现他们反抗官府压迫的精神。这个观点有合理之处，但也不完全对。小说中的梁山好汉是很有反抗精神，但是从吃牛肉这件事上体现不出来。因为，古时虽然法律禁止随便杀牛，但老百姓也能吃到牛肉。

你可能会觉得奇怪，不杀牛怎么能吃到牛肉呢？前面提到的那些法律里，原则上都是"禁止私自宰杀耕牛"。耕牛就是能够下地干活、拉犁耕地的牛。如果牛老了，没有力气耕地了，或者是受伤残废了，就可以不算耕牛了。牛主人只需要跟官府打报告，经过批准以后就可以杀牛吃肉。唐代诗人李白曾写过一首著名的诗，叫《将（qiāng）进酒》，诗里有这么一句，说"烹羊宰牛且为乐，会须一饮三百杯"。想想也是，要是法律真的完全禁止杀牛吃肉，那李白这么写不就等于投案自首了吗？

到了北宋时期，也就是《水浒传》这部小说里梁山好汉们生活的年代，关于违规杀牛的法律条文虽然还是很严厉，但是执行得不太严格。因为牛肉好吃啊，人人都爱吃，市场上简直是供不应求。除了合法宰杀得到的牛肉，也有很多私自屠宰而得的非法牛肉，但官府也管不过来了，就连皇上也对这件事网开一面。北宋的第三个皇帝宋真宗赵恒，就曾经下命令，大意是：按现行法律规定，杀牛的和买牛肉的都有罪，这法律不合适，得改；买牛肉的人如果没和卖肉的串通杀牛，那应该算无罪。等到了北宋末期，各地官府基本上都懒得管了，大家随便吃吧。所以，北宋时期如果真有梁山好汉吃牛肉，算不上什么对官府的强烈反抗。

更何况，《水浒传》虽然写的是北宋的故事，但作者是元末明初的人，根据目前的文献资料看，那个时候吃牛肉，应该并不犯法。建立元朝的是蒙古民族，他们祖祖辈辈早就习惯了放牧，很少用牛拉犁耕种，牛对于他们来说主要就是食物，自然他们也不会禁止杀牛吃肉。而到了明代呢，可能已经出现了专门养来吃肉的牛了。

明代初年，明太祖朱元璋曾经赏赐立了战功的儿子朱桢黄牛两千头、犁牛一千头。这犁牛就是拉犁耕地的耕牛，那所谓的黄牛又是什么呢？如果特意和耕地的牛区分开，那它应该就不是用来耕地的牛了。牛不用来耕地，还能用来干什么呢？最大的可能就是——养来吃肉。

到了明代后期，吃牛肉就更寻常了，甚至还留下了肉价的记录。牛肉的价格并不贵，普通老百姓也吃得起。明万历五年（1577 年），顺天府宛平县的知县沈榜在自己的笔记《宛署杂记》中记载了肉价的情况。当时一斤牛肉的市价是白银一分三厘，一个城市普通工人每天的工钱是白银二分，差不多能买不到两斤牛肉；而猪肉每斤要卖一分八厘银子；鹅肉就更贵了，一只活鹅要卖一钱八分银子，

价钱相当于十斤猪肉或十三斤牛肉。十四年之后，牛肉变贵了，也只不过是卖到了每斤一分五厘。

明朝的顺天府是设于京师（北京）的最高行政机关，下辖宛平、大兴两个县。按说，天子脚下应该是法律执行最严的地方，可是连下辖区域的知县都不觉得吃牛肉有问题，还当成日常记录往书里写呢，可见到了明代后期，吃牛肉已经完全不犯法了。

甚至有人认为，《水浒传》中，作者写的吃牛肉的情节，只是为了表现好汉们出身草莽，所以爱吃便宜的牛肉，而不像当时的"上流社会人士"那样爱吃羊肉。在书中也有一个旁证：在第三十八回中，李逵想跟酒保买牛肉来吃，酒保回答"小人这里只卖羊肉，却没牛肉，要肥羊尽有"，就引得李逵大怒，说："叵耐这厮无礼，欺负我只吃牛肉，不卖羊肉与我吃！"也就是说，在作者的观念里，牛肉要比羊肉低贱。

不过呢，从宋代以后，吃牛肉虽然离违法犯罪的范畴越来越远了，但按照古时的社会文化约定，大家还是认为不该吃牛肉，因为牛给人辛辛苦苦工作了一辈子，等到老了、干不动活了，就给宰了吃肉，实在是于心不忍。

到今天，人们的思想已发生了改变，因为耕地主要靠

还是牛肉好吃！

拖拉机，牛在生产中的重要性大大降低了，而且牛肉不光好吃，还富含蛋白质，脂肪含量又比猪肉、羊肉少，属于优质蛋白来源，经常吃一些，是有益于健康的。

诗词之美

《将进酒》

【唐】李白

君不见黄河之水天上来，奔流到海不复回。
君不见高堂明镜悲白发，朝如青丝暮成雪。
人生得意须尽欢，莫使金樽空对月。
天生我材必有用，千金散尽还复来。
烹羊宰牛且为乐，会须一饮三百杯。
岑夫子，丹丘生，将进酒，杯莫停。
与君歌一曲，请君为我倾耳听。
钟鼓馔玉不足贵，但愿长醉不复醒。
古来圣贤皆寂寞，惟有饮者留其名。
陈王昔时宴平乐，斗酒十千恣欢谑。
主人何为言少钱，径须沽取对君酌。
五花马、千金裘，呼儿将出换美酒，与尔同销万古愁。

李白是我国古代极具个性特色和浪漫精神的诗人，被后人誉为"诗仙"。在《将进酒》这首诗中，他演绎庄子的乐生哲学，表达对富贵、圣贤的藐视；而豪饮行乐实则深含怀才不遇之情。全诗气势豪迈，感情奔放，语言流畅，具有很强的感染力。

好吃的历史

Hao Chi
de
Lishi

13

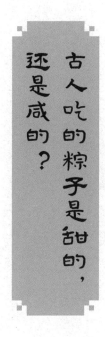

古人吃的粽子是甜的，还是咸的？

　　中国大部分地区都有端午节吃粽子的习俗，只不过各地粽子的口味各不相同。北方地区大多吃甜粽子，用的馅料有白糖、豆沙、大枣这些；南方地区有些人吃咸粽子，馅儿里一般是鲜肉、火腿等等。当然了，也有什么馅儿都不放，只用糯米做的粽子。现在咱们吃的粽子口味有这么多，那么古人吃的粽子又是什么口味的呢？这就要从粽子的来源说起了。

　　按现在流传较广的说法，端午节是为了纪念战国末期的楚国大夫屈原而设立的节日。屈原因为被国君贬黜，忧国忧民，在五月初五投江自尽，楚国的老百姓争相划船打捞，没成功，就用竹筒装米做成粽子，投入江中，以阻止鱼虾吃屈原的遗体。后来，每年的农历五月初五就被定成了端午节。划船的活动渐渐演变成了赛龙舟，竹筒粽子也演变成了竹叶粽子。

其实，这并不是端午节最初的样貌，而是经过了漫长的演变流传下来的风俗。最早的端午节，跟屈原和粽子应该没什么关系。目前已知的关于端午节的最早记载，出现在东汉时期的《风俗通义》中。这天，人们的活动就一个——用五彩的东西装饰家里，目的是祛除灾祸、瘟疫等不好的东西。

为什么选在五月初五这一天呢？因为当时的人认为这一天是不吉利的日子。据《史记》记载，战国时齐国有个人叫田文，是五月初五出生的。田文的父亲非常不喜欢这个孩子，甚至都不想把他养大，因为觉得不吉利。当然，现在咱们都知道这只是古人迷信，毫无道理。田文长大以后，继承了父亲的爵位，他就是鼎鼎大名的孟尝君，担任过齐国宰相，收养门客三千，在历史上举足轻重，这又哪里不吉利了呢？

东汉时期，端午节还没有吃粽子和赛龙舟的风俗，也没有和屈原联系到一起。我们熟悉的那个端午节的说法，最早见于南北朝时期的南朝梁代古书《续齐谐记》。这本书已经失传，但好在其中的很多文字被其他古书引用了，我们才能看到当时的记载。值得注意的是，《续齐谐记》

只是一本志怪小说集，并不是可靠的历史著作，而且距离屈原生活的年代有八百多年，距离最早记载端午节的东汉也有三百多年，靠谱程度很有限。

同样是南朝梁时的古书《荆楚岁时记》，倒是写到了粽子。原文说的是"周处谓为角黍，人并以新竹为筒粽"。这句话透露出两个信息：一个是，当时的粽子是用新长出来的竹子做的竹筒装米做成的；还有一个是，周处把粽子称为"角黍"。

周处生活在三国到西晋时期。关于他，最有名的典故就是"周处除三害"。斩杀掉猛虎和蛟龙以后，周处改过自新，最终成长为文武双全的国家栋梁，不光能带兵打仗，还写了一本书叫《风土记》。这本书现在同样已经失传，只留下了只言片语。除了前边提到的《荆楚岁时记》外，南北朝时期北魏的《齐民要术》里也引用了《风土记》中描述粽子做法的文字。当时的粽子做法是"以菰叶裹黍米，以淳浓灰汁煮之"。

菰是一种水生植物，感染了某种真菌后就会长成茭白。黍米就是黄米，五谷之一。灰汁就是将麦秸、柴草烧成灰后再加上水。灰汁中含有碳酸钾等无机盐，是一种碱性溶液，用来煮粽子，可以让米变成黄色，口感也更黏。现在还有很多地方的人喜欢吃碱水粽，碱水粽的做法也是同样的原理。

所以说，在三国到西晋时期，人们吃菰叶包裹的碱水粽。至于里边有没有馅儿，周处没说，不过，按照其他古书的记载，当时的人会吃一种"益智子粽"。

西晋的《南方草木状》里说，汉末的建安八年（公元203年），交州刺史张津曾经送"益智子粽"给曹操。益智是一种姜科植物，也就是生姜的亲戚，主要产自我国南方和东南亚地区。"益智子"就是益智的果实，有股辛辣的香气，现在被用来做蜜饯，有点类似于话梅和腌橄榄。晋代的《广州记》里说，"益智，叶如蘘荷，茎如竹箭……取外皮蜜煮为粽子，味辛"。蜂蜜肯定是甜的，益智子辛辣，看来，曹操当年收到的粽子，多半应该是甜辣味的。

张津给曹操送益智子粽，应该就是送个礼，表达一下友好。而两百多年后，占据广州的叛军首领卢循也给代表东晋朝廷的将领刘裕送去了益智子粽，意思可就不一样了。史学家大多认为，这是在嘲讽刘裕脑子不好使，应该吃粽子"益智"一下。而刘裕回送的礼物，按《资治通鉴》等史书记载，是"续命汤"。想一想，会觉得挺奇怪：这汤是怎么千里迢迢送到卢循手中的呢？很多学者都认为这是书里写错了字，应该是"续命缕"。按照《荆楚岁时记》里的说法，端午节的五色丝线，叫"长命缕"，又叫"续命缕"。这么一看，刘裕和卢循互赠礼物的时间，恐怕应该是在端午节前后。

到了唐代，元稹写过"彩缕碧筠粽，香粳白玉团"的诗句。碧筠指的是竹子，粳就是北方常见的那种籽粒短粗的大米。这说明，唐代的粽子是用竹叶裹的白色大米，这就和现代粽子很接近了。

北宋有个文学家、史学家司马光，就是砸缸那位，曾在诗中写到"懒开粽叶觅杨梅"，就是说，当时的粽子里会放杨梅。杨梅是种味道酸甜的水果，那么杨梅粽子恐怕也是甜的。南宋诗人范成大写过一首诗叫《重午》，写的就是端午，诗中有一句是"蜜粽冰团为谁好"。"冰团"说明当时的粽子是凉着吃的，还加入了蜂蜜，或者是煮熟了蘸蜂蜜吃。所以，这种粽子不管有没有馅儿，都是甜味的。

到了明清时期，关于粽子的记载越来越多，粽子的种类也越来越丰富。不光味道有甜有咸，用来包粽子的材料也多种多样，毕竟不是所有地方都产竹叶和菰叶嘛。直到今天，全国各地还有很多不同的粽叶。

比如，在北方地区，粽叶的主流材料是宽大的芦苇叶子。芦苇生活在水边，山上没有，所以一些山区的人们会用槲树叶包粽子。南方的植物种类更丰富，可以用来包粽子的叶子也更多。云南人会用芭蕉叶包粽子，在广西、广东、贵州等地，人们包粽子会用一种叫"柊叶"的植物的叶片。广东虎门还有一种林旁粽，林旁是露兜树，是一种小树，叶片很长，边缘有刺，削成条后可以编成各种形状的粽子皮，用它包上米和馅料，蒸熟后就得到了造型多样的粽子。

传统习俗

端午节这天，除了包粽子、吃粽子，很多家庭还会在门外挂上菖蒲、艾叶，或者为家人准备香囊戴在身上。传说，这种习俗是人们的一种"保健养生"行为——农历五月，随着气温的升高，病菌也活跃起来，为此，人们采撷香气浓郁的菖蒲和艾叶，将其挂在门前，或者做成香囊戴在身上，希望借此防疫驱邪。

除了端午节，我们常见的节日和习俗还有很多。比如：

节日	过节时间	节日习俗
春节	农历正月初一	拜年，祭祖，放鞭炮
元宵节	农历正月十五	吃元宵，看花灯，猜灯谜
清明节	公历四月五日前后	扫墓，踏青
端午节	农历五月初五	吃粽子，赛龙舟，挂艾草
七夕节	农历七月初七	穿针乞巧，拜织女
重阳节	农历九月初九	登高，赏菊花，饮菊花酒
中秋节	农历八月十五	吃月饼，赏月，赏桂花，饮桂花酒
腊八节	农历十二月初八	祭祀祖先，喝腊八粥
除夕	农历一年的最后一天	守岁，吃年夜饭，贴春联

好吃的知识有力量！扫描二维码，可以免费获得著名科普作家吴昌宇的4门精选课程，快来开启舌尖旅行吧！

给孩子的《普通动物学》课

带孩子在轻松有趣的动物故事里了解动物的演化

★　形成完整清晰的知识体系，建立联系、快速学习
★　分析经典实验，把实验题变成孩子的强项
★　40多个有趣的动物故事，孩子更爱听
★　用生物思维构建专属于自己的知识框架

课程目录　01 记忆也可以移植吗？ · 02 恐龙真的灭绝了吗？ · 03 蝉也会做乘法吗？ · 04 鲸的亲戚竟然是河马？ · 05 周末课堂 – 你应该认识的10种动物朋友

《神奇植物在哪里》

让孩子动脑学知识，动手做实验，成为小小植物学家！

★　12个科学实验，边玩边学，让孩子爱上动手做实验！
★　150种神奇植物大揭秘，激发孩子好奇心
★　打造植物百科全书，让孩子对知识的理解更加深入

课程目录　01 食草恐龙真的存在吗？ · 02 看年轮能分辨出南北吗？ · 03 种子是怎样旅行的？ · 04 什么花让达尔文都惊了？ · 05 世界上有没有能吃人的树？

《人体探秘30讲》

带孩子进入神秘的人体迷宫，解开人体的奥秘！

★　全方位探索人体，让孩子深刻认识人体，了解自己！
★　科普身体基本知识，培养健康生活习惯
★　三大单元助力探索身体的秘密

课程目录　01 消化一个汉堡需要哪几步？ · 02 什么？蚊子每天都在喝珍珠奶茶？ · 03 小猫小狗真能听懂你的话吗？ · 04 怎么才能让自己长高个？ · 05 为什么有人闻到花香就打喷嚏？

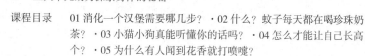

好吃的知识有力量！扫描二维码，可以免费获得著名科普作家吴昌宇的 4 门精选课程，快来开启舌尖旅行吧！

《舌尖上的博物学》

利用身边触手可得的 100 多种食物，带领孩子尝遍关于食物的文化与知识！

★ 5 大类别，跟着食物学生物
★ 40 讲课程，串起全球文明发展史
★ 100+ 食物，换个方式学历史
★ 珍惜食物，培养良好饮食习惯

课程目录　01 梁山好汉吃牛肉真的犯法吗？ · 02 果冻是怎么"冻"起来的？ · 03 "早茶"喝的是什么茶？ · 04 雍正皇帝为什么要在圆明园里种番薯？ · 05 烤肉为什么那么香？